建筑施工特种作业人员安全技术培训教材

# 建筑架子工

《建筑施工特种作业人员安全技术培训教材》编委会　编

中国环境出版集团·北京

图书在版编目（CIP）数据

建筑架子工/《建筑施工特种作业人员安全技术培训教材》编委会编. —北京：中国环境出版集团，2021.12
建筑施工特种作业人员安全技术培训教材
ISBN 978-7-5111-4812-4

Ⅰ.①建… Ⅱ.①建… Ⅲ.①脚手架—安全培训—教材 Ⅳ.①TU731.2

中国版本图书馆 CIP 数据核字（2021）第 155036 号

出 版 人　武德凯
责任编辑　易　萌
责任校对　任　丽
封面设计　彭　杉

---

出版发行　中国环境出版集团
（100062　北京市东城区广渠门内大街 16 号）
网　　址：http：//www.cesp.com.cn
电子邮箱：bjgl@cesp.com.cn
联系电话：010-67112765（编辑管理部）
010-67112739（第三分社）
发行热线：010-67125803，010-67113405（传真）
印　　刷　北京市联华印刷厂
经　　销　各地新华书店
版　　次　2021 年 12 月第 1 版
印　　次　2021 年 12 月第 1 次印刷
开　　本　850×1168　1/32
印　　张　4.375
字　　数　100 千字
定　　价　18.00 元

---

# 《建筑施工特种作业人员安全技术培训教材》
# 编 委 会
（排名不分先后）

# 前　言

为了加强对建筑施工特种作业人员的管理，防止和减少生产安全事故的发生，提高建筑施工特种作业人员的安全操作技能和自我保护能力，加强建筑施工特种作业人员的安全技术考核培训工作，按照《中华人民共和国安全生产法》《建设工程安全生产管理条例》《安全生产许可证条例》《建筑起重机械安全监督管理规定》《危险性较大的分部分项工程安全管理规定》及其他相关法规的规定，依据《建筑施工特种作业人员管理规定》（建质〔2008〕75 号）文件对建筑施工特种作业人员在考核、发证、从业和监督管理工作中的明确要求，我们组织多位专家编写了《建筑施工特种作业人员安全技术培训教材》。

本套教材针对建筑施工特种作业人员的岗位特点，依据《建筑施工特种作业人员培训教材编写大纲》的要求编写。内容深入浅出，通俗易懂，图文并茂，可操作性强，适用于塔式起重机司机、塔式起重机安装拆卸工、建筑起重信号司索工、施工升降机司机、施工升降机安装拆卸工、物料提升机司机、物料提升机安装拆卸工、建筑电工、建筑架子工、高处作业吊篮安装拆卸工的安全技术考核培训，并专门编写了《特种作业安全生产基本知识》作为通用教材，配套使用。

本书为《建筑施工特种作业人员安全技术培训教材》中的一本。全书共九章，内容包括建筑识图，力学基础知识，钢管，扣件及型钢力学性能的基础知识，扣件式钢管脚手架，碗扣式钢管脚手架，承插型盘扣式钢管支架，门式钢管脚手架，卸料平台，脚手架使用的安全管理。本书与《特种作业安全生产基本知识》配套使用。

本书既可作为建筑施工特种作业人员安全技术考核培训用书，也可作为建设单位、施工单位和建筑类大中专院校的教学及辅导用书。

本书在编写过程中参考了大量的相关标准规范和文献资料，在此向给予我们极大帮助的专家学者表示最衷心的感谢！

限于编写时间仓促，书中不足之处在所难免，敬请同仁和读者批评指正。

# 目　　录

## 专业基础篇

## 专业技术篇

# 专业基础篇

# 第一章　建筑识图

将一幢拟建房屋的内外形状和大小，以及各部分的结构、构造、装饰、设备等内容，按照有关规范规定，用正投影方法，详细准确地画出的图样，称为“房屋建筑图”。它是用以指导施工的一套图纸，所以又称为施工图。

## 第一节　施工图的内容和用途

一套完整的施工图，根据其专业内容或作用不同，一般包括：

（1）图纸目录：包括每张图纸的名称、内容、图纸编号等，表明该工程施工图由哪几个专业的图纸及哪些图纸所组成，以便查找。

（2）设计总说明：主要说明工程的概况和总的要求。一般应包括：设计依据（如设计规模、建筑面积以及有关的地质、气象资料等）；施工要求（如施工技术、材料、要求以及采用的新技术、新材料或有特殊要求的做法说明）等。以上各项内容，对于简单的工程，也可分别在各专业图纸上写成文字说明。

（3）建筑施工图：包括总平面图、平面图、立面图、剖面图和构造详图。表示建筑物的内部布置情况，外部形状，以及装修、构造、施工要求等。

（4）结构施工图：包括结构平面布置图和各构件的结构详图。表示承重结构的布置情况、构件类型、尺寸大小及构造做法等。

（5）设备施工图：包括给水排水、采暖通风、电气等设备的平面布置图、系统图和详图。表示上、下水及暖气管线布置，卫生设备及通风设备等的布置，电气线路的走向和安装要求等。

## 第二节　施工图中常用的符号

为了保证制图质量、提高效率、表达统一和便于识读，我国制定了《房屋建筑制图统一标准》（GB 50001—2017），其中几项主要的规定和常用的表示方法如下：

**1. 定位轴线**

在施工图中通常将房屋的基础、墙、柱和梁等承重构件的轴线画出，并进行编号，以便施工时放线和查阅图纸，这些轴线称为定位轴线。

定位轴线采用细点画线表示。轴线编号的画圈用细实线绘制，在画圈内写上编号。在平面上水平方向的编号采用阿拉伯数字，从左至右依次编写。垂直方向的编号，用大写英文字母自下而上顺次编写，英文字母中 I、O 及 Z 三个字母不得用作轴线编号，以免与数字 1、0 及 2 混淆。对于一些与主要承重构件相联系的次要构件，它的定位轴线一般作为附加轴线，编号可用分数表示。分母表示前一轴线的编号，分子表示附加轴线的编号。

### 2. 标高

在总平面图、平面图、立面图和剖面图上，经常用标高符号表示某一部位的高度。各种图纸上所用的标高符号，以细实线绘制。标高数值以米为单位（不标单位），一般标注至小数点后三位数（总平面图中为后两位数）。

标高有绝对标高和相对标高。

绝对标高：我国规定以青岛附近黄海夏季的平均海平面定为标高的零点，其他各地标高都以它作为基准，在总平面图中的室外地面标高中常采用绝对标高。

相对标高：除了总平面图外，一般都采用相对标高，即把建筑物室内首层主要地面标高定为相对标高的起点，并在建筑工程的总说明中说明相对标高和绝对标高的关系。如室外地面标高−0.45表示室外地面比室内首层地面低 0.45 m。

### 3. 尺寸线

施工图中均应注明详细的尺寸。尺寸标注由尺寸界线、尺寸线、尺寸起止点和尺寸数字所组成。根据《房屋建筑制图统一标准》（GB/T 50001—2017），除了标高及总平面图上的尺寸以“m”为单位外，其余一律以“mm”为单位。为了使图面清晰，尺寸数字后一般不必注写单位。

在图形外面的尺寸界线是用细实线绘制的，一般应与被标注长度垂直，但在图形里面的尺寸界线以图形的轮廓线和中线来代替。尺寸线必须用细实线画出，而不能用其他线代替；应与被注长度平行，且不宜超出尺寸界线。尺寸线的起止点用 45°的中粗短线表示，短线方向应以所注数字的左下角向右上角倾斜。尺寸数字应标注在水平尺寸线上方（垂直尺寸线的左方）中部。

# 第二章　力学基础知识

## 第一节　力的概念

### 一、力的概念

力是物体间相互的机械作用，这种作用一种是使物体的机械运动状态发生变化，称为力的外效应；另一种是使物体产生变形，称为力的内效应。物体间相互的机械作用有两种：一种是直接接触作用；另一种是间接作用，即所谓的“场力”作用，如地球表面上的物体间的作用，电磁铁的动、静铁芯间的磁力作用等。

### 二、力的单位

在国际单位制中，力的单位为牛［顿］，符号为“N”。我国法定单位采用国际单位制单位，但有些地方仍沿用工程单位制单位，以“千克力”或“吨力”作为力的单位，在我国也用“牛”作为牛顿的中文符号。它们之间的换算关系是：1 千克力（kgf）＝9.8 牛（N）。

### 三、力的三要素

力的大小、方向和作用点称为力的三要素。改变三要素中的任何一个，力对物体的作用效果也会随之改变。

### 四、静力学的基本定律

静力学定律可归纳为以下五条最基本的规律：

**1. 两力平衡定律**

物体在两个力的作用下保持平衡的条件是：这两个力的大小相等，方向相反，且作用在同一条直线上。

**2. 加减平衡力系定律**

在任意一个已知力系上加上或者减去任意平衡力系，不会改变原力系对刚体的作用效应。

**3. 力的平行四边形法则**

作用在物体上某一点的两个力，可以合成一个合力，其合力的大小与方向由这两个已知力为邻边所构成的平行四边形的对角线来表示，这个法则称为平行四边形法则。

**4. 力的作用与反作用定律**

两物体的作用力与反作用力大小相等、方向相反且沿用一条作用线，分别作用在两个物体上。

**5. 力的刚化定律**

变形体在某一力系作用下处于平衡，如将此变形体刚化为刚体，则其平衡状态不变。

## 第二节　力的合成与分解

### 一、力的合成

当一个物体同时受到几个力的作用时，如果找到这样的一个力，其产生的效果与原来几个力共同作用的效果相同，则这个力叫作原来那几个力的合力。求几个已知力的合力的方法叫作力的合成（见图 2-1）。

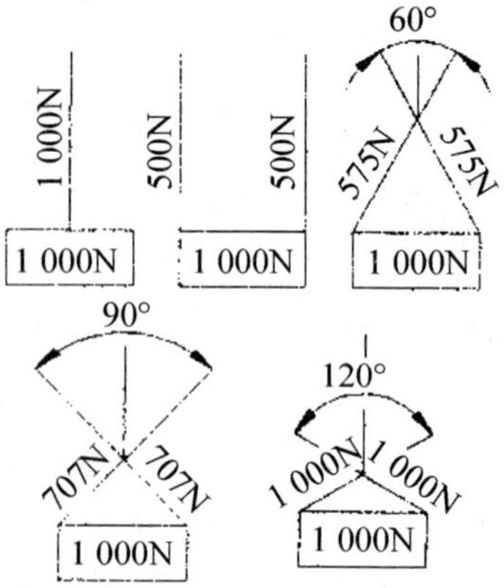


图 2-1　力的合成

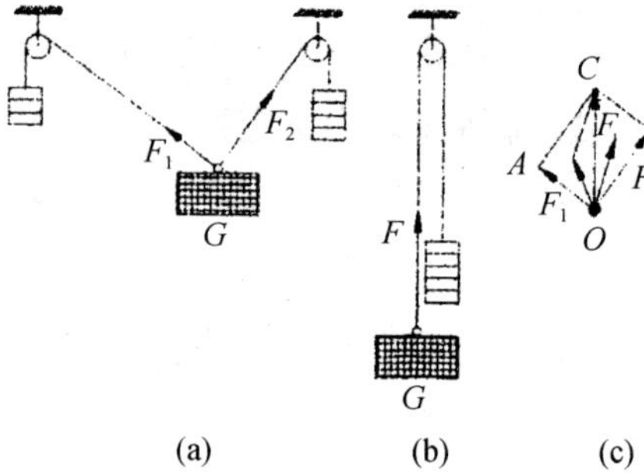


图 2-2　两个共点力的合成

**1. 作用在同一直线上力的合成**

作用在同一直线上各力的合力，其大小等于各力的代数和，其方向与计算结果的符号方向一致。

**2. 两个共点力的合成**

作用于同一点并相互成角度的力称为共点力，求两个互成角度的共点力的合力，可用表示这两个力的有向线段的邻边作平行四边形，其对角线就表示合力的大小和方向，这就叫作力的平行四边形法则［见图 2-2（c）］。

## 二、力的分解

一个已知力（合力）作用在物体上产生的效果可以用两个或两个以上同时作用的力（分力）来代替。由合力求分力的方法叫作力的分解。

力的分解是力的合成的逆运算，同样可适用平行四边形法则。把已知力作为平行四边形的对角线，平行四边形的两个邻边就是这个已知力的两个分力。

在分析吊索受力时我们经常会用到力的分解方法。下面以使用两根吊索吊重 $G$=1kN，当吊索与吊垂线夹角为 0°、30°、45°、60°时为例，对每根吊索受力进行分析。

（采用三角函数法）

吊索受力 $F=\dfrac{G}{n\cos\alpha}$

式中，$\alpha$——吊索与铅垂线间夹角；

$G$——吊物的重力；

$n$——吊索的根数；

如果以 $K=1/\cos\alpha$ 代入上式，则 $F=K\cdot G/n$。$K$ 为随吊索与吊垂线夹角 $\alpha$ 变化的系数，见表 2-1 和表 2-2。

**表 2-1　随角度变化的 *K* 值**

| $\alpha$ | 0° | 15° | 20° | 25° | 30° | 35° | 40° | 45° | 50° | 55° | 60° |
|---|---|---|---|---|---|---|---|---|---|---|---|
| $K$ | 1 | 1.035 | 1.06 | 1.1 | 1.15 | 1.22 | 1.31 | 1.414 | 1.56 | 1.76 | 2 |

**表 2-2　吊索受力计算**　　单位：kN

| $\alpha$ | 0° | 30° | 45° | 60° |
|---|---|---|---|---|
| $K$ | 1 | 1.15 | 1.414 | 2 |
| $G/n$ | 0.5 | 0.5 | 0.5 | 0.5 |
| $F=KG/n$ | 0.5 | 0.575 | 0.707 | 1 |

## 三、力的平衡条件

在两个或两个以上力系的作用下，物体保持静止或做匀速直线运动状态，这种情况叫作力的平衡。几个力达到平衡的条件是它们的合力等于 0。

### 四、力矩

力的作用可以改变物体的运动状态，或者使物体发生变形，力还可以使物体发生转动。力使物体转动的效果，不仅与力的大小有关，还与转动轴心到力的作用线的距离（即力臂）有关。物体转动的效应与力的大小、力臂长短成正比。

力与力臂的乘积称为力矩，若力为 $F$，力臂为 $L$，则力矩 $M=FL$，力矩的法定单位为牛顿·米，符号为 N·m，中文符号为牛·米（图 2-3）。

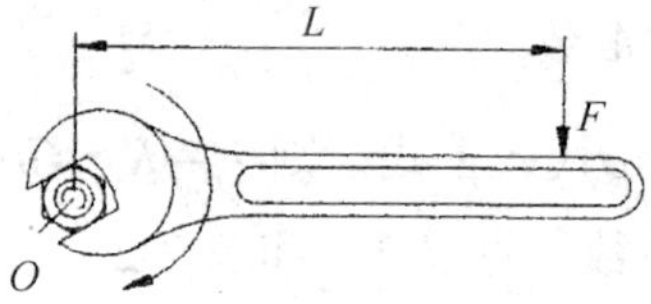


图 2-3　力矩

## 第三节　物体重量的计算方法

在起吊搬运各种设备或重物时，首先应该知道被吊、搬运设备或重物的重量，根据设备或重物的重量和外形等情况选择合适的起重机具，确定合理的施工方案。这样，就要求每个架子工应掌握有关物体面积、体积、密度、质量、重量及单位等基本概念和简单的计算方法。

## 一、面积的计算

表 2-3　常用规则几何形状面积的计算公式　　　　单位：$m^2$

| 名　　称 | 几何图形 | 计算公式 |
|---|---|---|
| 正方形 | 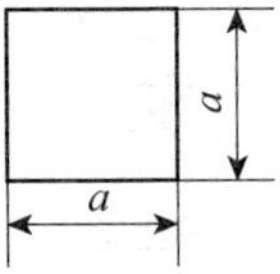 | $S=a^2$ |
| 长方形 | 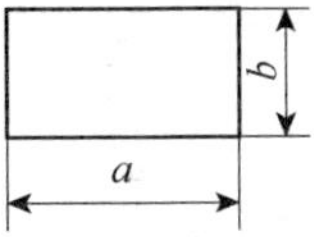 | $S=ab$ |
| 圆形 | 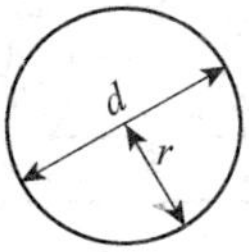 | $S=\pi r^2=\pi d^2/4$ |
| 圆环形 | 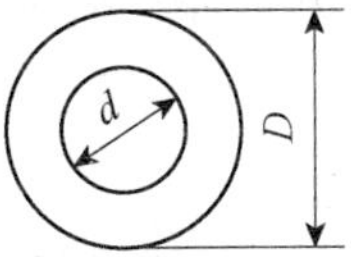 | $S=\pi(D^2-d^2)/4$ |

在实际工作中，遇到的设备或物体不一定是表 2-3 所介绍的规则几何形状，此时，我们可以把它们分割成几种规则或近似规则的图形，分别计算出结果，然后相加，就得到总面积。

## 二、物体体积的计算

要计算物体的质量，就需要知道物体的体积。常见规则几何形状体积计算公式见表 2-4。

表 2-4　常用规则几何形状体积计算公式

| 名　　称 | 几何图形 | 计算公式 |
|---|---|---|
| 正方体 | 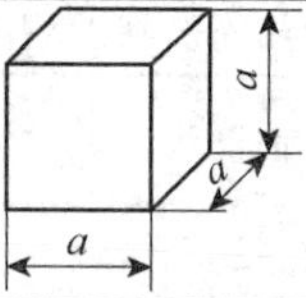 | $V=a^3$ |
| 长方体 | 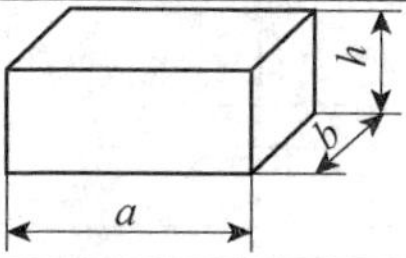 | $V=abh$ |
| 圆柱体 | 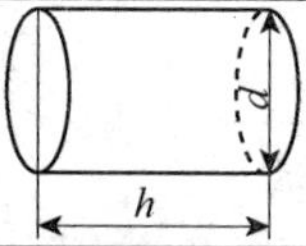 | $V=\pi d^2h/4$ |
| 空心圆柱体 | 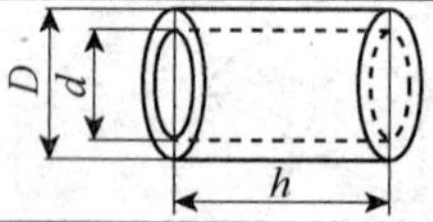 | $V=\pi(D^2-d^2)h/4$ |

遇到组合形体时，可以分块计算再求和。

## 三、密度

计算物体质量时，必须知道物体材料的密度。密度是指某种物质单位体积内所具有的质量，其单位是 $kg/m^3$。

## 四、物体质量的计算

物体的质量等于构成该物体的材料密度与体积的乘积，其表达式为：

$$m=\rho V$$

式中，$m$——物体的质量，kg；

$\rho$——物体的材料密度，$kg/m^3$；

$V$——物体的体积，$m^3$。

计算时应注意各参数单位相互对应。

## 五、物体重量的计算

物体的重量就是物体所受重力的大小，物体所受的重力是由于地球的吸引而产生的，重力的方向总是竖直向下，物体所受重力大小 $G$ 和物体的质量 $m$ 成正比，用关系式 $G=mg$ 表示。在地球表面附近 $g$ 取值为 9.8N/kg。

**例题：**

1. 计算 1m×1m×1m 的正方体钢块（$\rho=7\,850\text{kg/m}^3$）重量是多少？

**解：** 正方体钢块质量：$m=\rho\times V=7\,850\text{kg/m}^3\times1\text{m}\times1\text{m}\times1\text{m}=7\,850\text{kg}$

正方体钢块重量：$G=mg=7\,850\text{ kg}\times9.8\text{N/kg}=76\,930\text{N}$

2. 计算 2m×1m×0.5m 的长方体钢块（$\rho=7\,850\text{kg/m}^3$）重量是多少？

**解：** 长方体钢块质量：$m=\rho\times V=7\,850\text{kg/m}^3\times2\text{m}\times1\text{m}\times0.5\text{m}=7\,850\text{kg}$

长方体钢块重量：$G=mg=7\,850\text{ kg}\times9.8\text{N/kg}=76\,930\text{ N}$

3. 计算直径 0.2m（半径＝0.1m）、高 1m 的圆柱体的钢柱（$\rho=7\,850\text{kg/m}^3$）重量是多少？

**解：** 圆柱体钢柱质量：$m=\rho\times V=\rho\times\pi\times r^2\times h=7\,850\times3.14\times0.1^2\times1=246.5\text{kg}$

圆柱体钢柱重量：$G=mg=246.5\text{kg}\times9.8\text{N/kg}=2\,415.7\text{N}$

# 第三章　钢管、扣件及型钢力学性能的基础知识

## 第一节　钢管

（1）脚手架钢管采用《直缝电焊钢管》（GB/T 13793—2016）或《低压流体输送用焊接钢管》（GB/T 3091—2008）中规定的 Q235 号普通钢管，其质量应符合《碳素结构钢》（GB/T 700—2006）中 Q235 级钢的规定。

（2）脚手架钢管采用$\Phi$48.3mm×3.6mm 钢管，每根钢管的最大质量不应大于 25.8kg。

（3）钢管的质量检验要求应符合表 3-1 的规定。

表 3-1　钢管的质量检验要求

| | 项次 | 检查项目 | 验收要求 |
|---|---|---|---|
| 钢管 | 1 | 产品质量合格证 | 必须具备 |
| | 2 | 钢管材质检验报告 | |
| | 3 | 表面质量 | 表面应平直光滑，不应有裂纹、分层、错位、硬弯、毛刺、压痕、结疤和深的划道及严重锈蚀等缺陷。钢管上严禁打孔 |

续表

| | 项次 | 检查项目 | 验收要求 |
|---|---|---|---|
| 钢管 | 4 | 外径、壁厚 | 外径允许偏差±0.5mm、壁厚允许偏差±0.36mm |
| | 5 | 钢管两端面切斜偏差 | 1.70mm（塞尺、拐角尺检查）<br>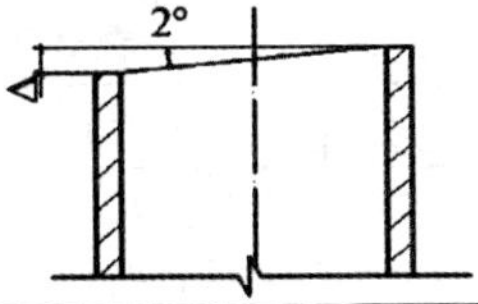<br> |
| | 6 | 钢管外表面锈蚀深度 | ≤0.18mm（游标卡尺）<br>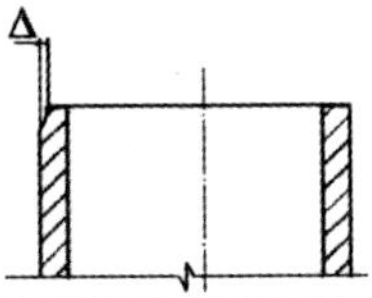 |
| | 7 | 钢管弯曲<br>a. 各种杆件钢管的端部弯曲 $l$≤1.5m | ≤5mm<br>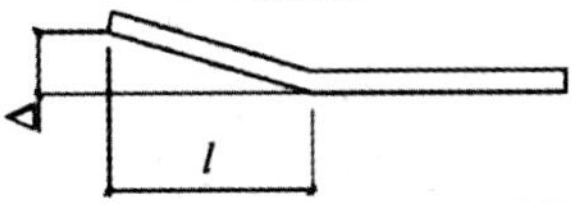<br> |
| | | b. 立杆钢管弯曲<br>3m<$l$≤4m<br>4m<$l$≤6.5m | ≤12mm<br>≤20mm（钢板尺）<br>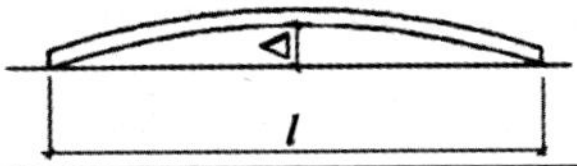<br> |
| | | c. 水平杆、斜杆的钢管弯曲<br>$l$≤6.5m | ≤30mm（钢板尺） |

# 第二节　扣件

（1）扣件式钢管脚手架采用可锻铸铁制作的扣件，其材质应符合《钢管脚手架扣件》（GB 15831—2006）的规定；采用其他材料制作的扣件，应经试验证明其质量符合该标准的规定后方可使用。

（2）脚手架采用的扣件，在螺栓拧紧扭力矩达 65N·m 时，不得发生破坏。扣件的质量检验要求应符合表 3-2 的规定。

表 3-2　扣件的质量检验要求

| | 项次 | 检查项目 | 验收要求 |
|---|---|---|---|
| 扣件 | 1 | 生产许可证，产品质量合格证，质量检测单位测试报告 | 必须具备，对质量怀疑时，应按《钢管脚手架扣件》（GB 15831—2006）的规定抽样检测 |
| | 2 | 表面质量 | 扣件不得有裂纹、变形、螺栓滑丝，扣件与钢管接触部位应能灵活转动，旋转扣件两旋转面的间隙应小于 1mm，扣件应做防锈处理 |
| | 3 | 螺栓 | 不得滑丝 |

**1. 脚手板**

（1）脚手板采用钢、木、竹材料制作，每块质量不宜大于 30kg。

（2）木脚手板采用杉木或松木制作，其材质满足无虫眼、无腐朽等要求。木脚手板厚度不应小于 50mm，两端应各设直径为 4mm（8 号镀锌钢丝）箍两道。

（3）竹脚手板是采用毛竹或楠竹制作的竹串片板。

（4）冲压钢脚手板的材质应符合《碳素结构钢》（GB/T 700—2006）中对 Q235 级钢的规定。

（5）脚手板的质量检验要求应符合表 3-3 的规定。

表 3-3　脚手板的质量检验要求

| 项次 | 项目 | 要求 |
|---|---|---|
| 木脚手板 | 尺寸、缺陷 | 宽度宜≥200mm，厚度不小于 50mm，板厚允许偏差-2mm。不得扭曲变形、开裂、腐朽或有节子 |

续表

| 项次 | 项目 | 要求 |
|---|---|---|
| 竹脚手板 | 制作材料 | 宜采用由毛竹或楠竹制作的竹串片板 |
| 冲压钢脚手板 | 板面挠曲（钢板尺检测）<br>$l$≤4m<br>$l$>4m | （钢板尺检测）<br><br>≤12mm<br>≤16mm |
| | 板面扭曲（任一角翘起） | （钢板尺检测）<br>≤5mm |

**2. 安全网**

（1）选用密目式安全网，密目式安全网的质量检验要求应符合表 3-4 的规定。

表 3-4　密目式安全网的质量检验要求

| 项次 | 项目 | 要求 |
|---|---|---|
| 密目式安全网 | 产品质量合格证、生产许可证、厂家检验报告、复检报告 | 必须具备 |
| | 颜色 | 为满足环境效果要求，建议选用绿色 |
| | 重量 | 自重 0.01 kN/m$^2$ |
| | 网目 | 应满足 2 000 目/100cm$^2$ |

（2）密目式安全网必须具备产品质量合格证、生产许可证、厂家检验报告及复检报告。

## 第三节　型钢

悬挑式脚手架水平悬挑梁采用工字钢，大转角加强部位使用槽钢，型号根据计算确定。型钢的质量检验要求应符合表 3-5 的规定。

表 3-5 型钢的质量检验要求

| 项次 | 项目 | 要求 |
|---|---|---|
| 型钢 | 产品质量合格证 | 必须具备 |
| | 产品检验报告 | 必须具备 |
| | 防锈 | 必须涂防锈漆 |

**1. 预埋件**

锚固型钢悬挑梁的 U 型钢筋拉环或锚固螺栓直径不宜小于 16mm。

**2. 钢丝绳**

（1）悬挂水平悬挑梁使用的钢丝绳直径不应小于 14mm，绳卡不得少于 3 个，不准超负荷使用。

（2）钢丝绳使用完毕，应用钢丝刷将上面的铁锈、脏垢刷去，按规格分类存放。

（3）钢丝绳的质量检验要求应符合表 3-6 的规定。

表 3-6 钢丝绳的质量检验要求

| 项次 | 项目 | 要求 |
|---|---|---|
| 钢丝绳 | 产品质量合格证、质量证明书 | 必须具备 |
| | 缺陷 | 无绳端断丝、局部聚集处断丝、整股断裂、外部磨损、外部腐蚀、变形 |
| | 防锈 | 必须涂防锈油或油脂 |

**3. 托撑**

（1）可调托撑螺杆外径不得小于 36mm，直径与螺距应符合《梯形螺纹 第 3 部分：基本尺寸》（GB/T 5796.3—2005）的规定。

（2）可调托撑螺杆与支架托板焊接应牢固，焊缝高度不得小于 6mm；可调托撑螺杆与螺母旋合长度不得少于 5 扣，螺母厚度不得小于 30mm。

（3）可调托撑受压承载力设计值不应小于 40kN，支托板厚不应小于 5mm，变形不大于 1mm。

（4）严禁使用有裂缝的支架托板、螺母。

（5）可调托撑的质量检验要求应符合表 3-7 的规定。

**表 3-7　可调托撑的质量检验要求**

| 项次 | 项目 | 要求 |
|---|---|---|
| 可调托撑 | 可调托撑支托板变形 | 允许偏差 1.0mm（钢板尺塞尺）<br>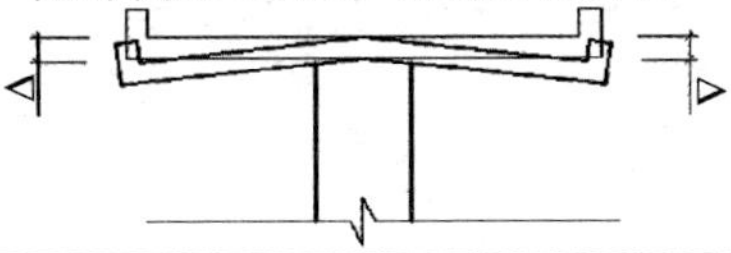 |
| | 产品质量合格证、质量检验报告 | 必须具备 |

# 专业技术篇

扣件式钢管脚手架——搭设（支座）在地面、楼面、屋面或其他平台结构之上，是由钢管、扣件、脚手板、挡脚板及安全网组成的脚手架。

落地式钢管外脚手架搭设高度：单排脚手架搭设高度不应超过 24m；双排落地式钢管外脚手架规范允许搭设高度不宜大于 50m，高度超过 50m 的双排脚手架应该分段搭设。

垫板、底座应准确地放在定位线上，垫板必须铺放平稳，不得悬空。

**落地式钢管外脚手架搭设要求**

| 搭设高度 $H$/m | 地基土质 | | |
|---|---|---|---|
| | 中、低压缩性且压缩性均匀 | 回填土 | 高压缩性或压缩性不均匀 |
| ≤24 | 夯实原土，立杆底座置于面积不小于 0.075m² 的垫块、垫木上 | 土夹石或灰土回填夯实，立杆底座置于面积不小于 0.1m² 的 50mm 厚混凝土垫块或垫木上 | 夯实原土，铺设宽度不小于 200mm 的垫板（通长槽钢或垫木） |
| 25～35 | 垫块、垫木面积不小于 0.1m²，其余同上 | 砂夹石回填夯实，其余同上 | 夯实原土，铺厚度不小于 200mm 的砂垫层，其余同上 |
| 36～50 | 垫块、垫木面积不小于 0.15m² 或铺通专用槽钢或木板，其余同上 | 砂夹石回填夯实，垫块或垫木面积不小于 0.15m² 或铺通专用槽钢或木板 | 夯实原土，铺 150mm 厚道渣夯实，再铺通长槽钢或垫木，其余同上 |

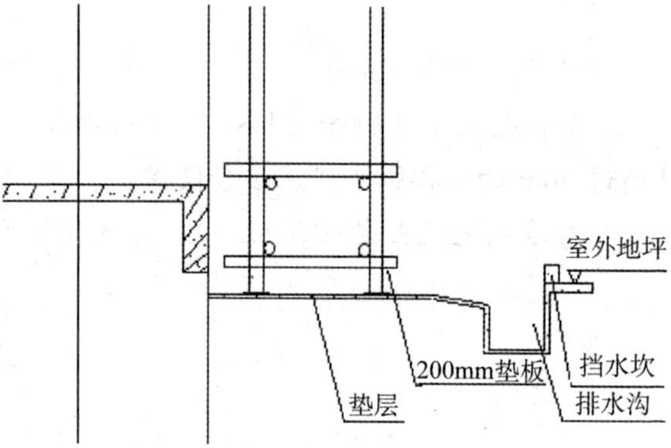


落地式钢管外脚手架基础示意图

# 第四章　钢管脚手架

## 第一节　扣件式钢管脚手架构、配件材料及制作质量要求

### 一、立杆搭设

立杆选用 2m、4m、6m 三种规格的钢管纵向排列布置。立杆接头除顶层顶步可采用搭接外，其余各层各步接头必须采用对接扣件连接。对接和搭接还应符合以下要求：

立杆上对接扣件应交错布置，两个相邻立杆接头不应设置在同步内，同步内隔一根立杆的两个相隔接头在高度方向错开的距离不应小于 500mm，各接头中心距主节点距离不应大于步距的 1/3。

立杆的搭接长度不应小于 1m，不少于 2 个旋转扣件固定，端部扣件盖板的边缘至杆端距离不应小于 100mm。脚手架立杆顶端栏杆宜高出女儿墙上端 1m，宜高出檐口上端 1.5m。

主立杆要求垂直度偏差不大于全高的 1/500，脚手架设纵横向扫地杆，纵横向扫地杆设在距基础上平面 200mm 处的立杆上，横

向扫地杆设在纵向扫地杆下面，并用直角扣件固定在立杆上。

架体基础存在高低差部位，纵向扫地杆的布置见图 4-1。

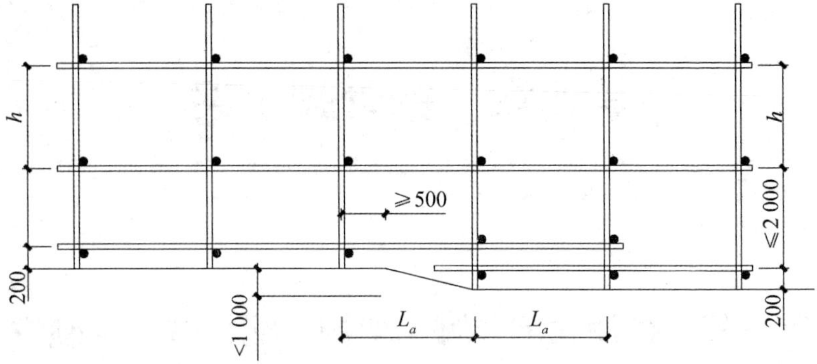


图 4-1 纵向扫地杆的布置

## 二、纵向水平杆、横向水平杆、脚手板

纵向水平杆的构造应符合以下规定：

（1）纵向水平杆应设置在立杆内侧，单根杆长度不应小于 3 跨；

（2）纵向水平杆接长应采用对接扣件连接或搭接，并应符合下列规定：

1）两根相邻纵向水平杆的接头不应设置在同步或同跨内；不同步或不同跨的两个相邻接头在水平方向错开的距离不应小于 500mm；各接头中心至最近主节点的距离不应大于纵距的 1/3（见图 4-2）；

2）搭接长度不应小于 1m，应等间距设置 3 个旋转扣件固定，端部扣件盖板边缘至搭接纵向水平杆杆端的距离不应小于 100mm。

（3）当使用冲压钢脚手板、木脚手板、竹笆脚手板时，纵向水平杆应作为横向水平杆的支座，用直角扣件固定在立杆上；当使

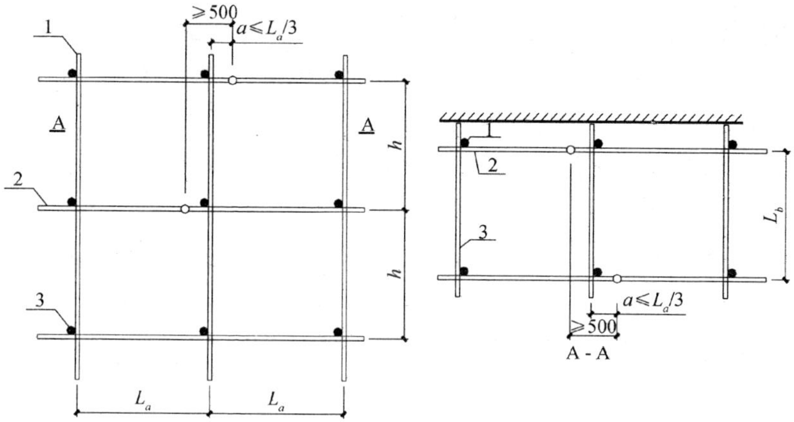


（a）接头不在同步内（立面）　　（b）接头不在同跨内（平面）

1—立杆；2—纵向水平杆；3—横向水平杆。

**图 4-2　纵向水平杆对接接头布置**

用竹笆脚手板时，纵向水平杆应采用直角扣件固定在横向水平杆上，并应等间距设置，间距不应大于 400mm（见图 4-3）。

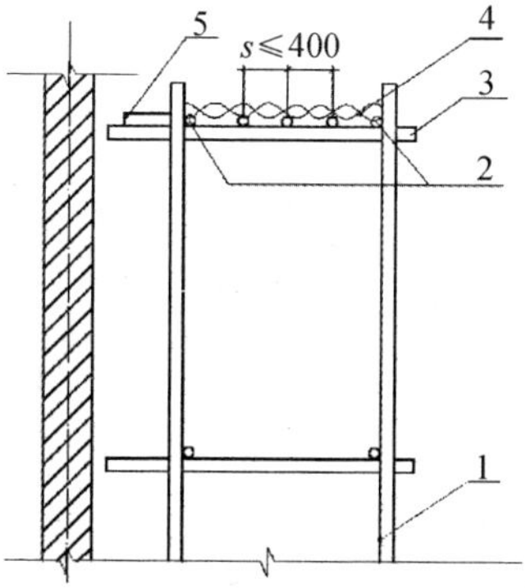


1—立杆；2—纵向水平杆；3—横向水平杆；4—竹笆脚手板；5—其他脚手板。

**图 4-3　铺竹笆脚手板时纵向水平杆的构造**

横向水平杆的构造应符合以下规定：

（1）作业层上非主节点处的横向非水平杆，宜根据支承脚手板的需要等间距设置，最大间距不应大于纵距的 1/2。

（2）当使用冲压钢脚手板、木脚手板、竹笆脚手板时，双排脚手架的横向水平杆两端均应采用直角扣件固定在纵向水平杆上；单排脚手架的横向水平杆的一端应用直角扣件固定在纵向水平杆上，另一端应插入墙内，插入长度不应小于 180mm。

（3）当使用竹笆脚手板时，双排脚手架的横向水平杆两端，应用直角扣件固定在立杆上；单排脚手架的横向水平杆的一端，应用直角扣件固定在立杆上，另一端应插入墙内，插入长度不应小于 180mm。水平杆在转角处必须交圈（形成井字形结构）（见图 4-4）。

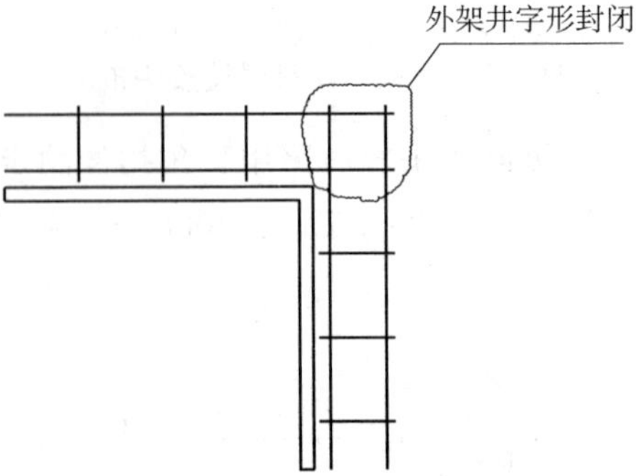


**图 4-4　直角扣件固定**

主节点处必须设置一根横向水平杆，用直角扣件扣接且严禁拆除。

脚手板的设置应符合以下规定：

（1）作业层脚手板应铺满、铺稳、铺实。

（2）冲压钢脚手板、木脚手板、竹笆脚手板等，应设置在三根横向水平杆上。当脚手板长度小于 2m 时，可采用两根横向水平杆支承，但应将脚手板两端与其可靠固定，严防倾翻。脚手板的铺设应采用对接平铺或搭接铺设。脚手板对接平铺时，接头处必须设两根横向水平杆，脚手板外伸长度应为130～150mm，两块脚手板外伸长度的和不应大于300mm［见图4-5（a）］；脚手板搭接铺设时，接头必须支在横向水平杆上，搭接长度不应小于200mm，其伸出横向水平杆的长度不应小于100mm［见图4-5（b）］。竹笆脚手板应按其主竹筋垂直于纵向水平杆方向铺设，且采用对接平铺，四个角应用直径不小于1.2mm的镀锌钢丝固定在纵向水平杆上。

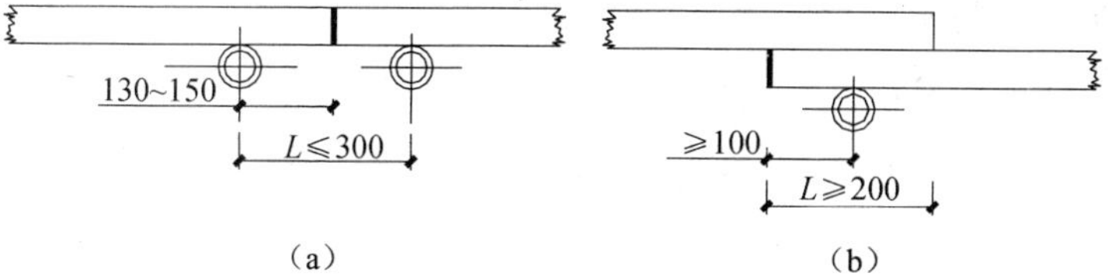


图4-5　脚手板对接搭接构造

（3）作业层端部脚手板探头长度应取150mm，其板的两端均应固定于支承杆件上。

## 三、剪刀撑和横向斜撑

双排脚手架应设置剪刀撑与横向斜撑，单排脚手架应设置剪刀撑。

每道剪刀撑宽度不应小于4跨，且不应小于6m，剪刀撑跨越立杆根数在5～7根，与地面的倾角应在45°～60°。杆件接长采用搭接，搭接长度不小于1m，并用三个旋转扣件连接，端部扣件盖板的边缘至杆端距离不小于100mm。

高度在24m及以上的双排脚手架，应在外侧全立面连续设置剪刀撑；高度在24m以下的单、双排脚手架，均必须在外侧、两端、转角及中间间隔不超过 15m 的立面上，设置一道剪力撑，并应由底至顶连续设置。

双排脚手架横向斜撑的设置应符合下列规定：

横向斜撑应在同一节，由底层至顶层呈之字形连续布置，斜腹杆宜采用旋转扣件固定在与之相交的横向水平杆的伸出端或立杆上，旋转扣件中心线距主节点的距离不大于 150mm。当斜腹杆在 1 跨内跨越两个步距时，宜在相交的纵向水平杆处，增设一根横向水平杆，将斜腹杆固定在其伸出端上。

高度在 24m 以下的封闭型双排脚手架可不设横向斜撑，高度在 24m 以上的封闭型脚手架，除拐角应设置横向斜撑外，中间应每隔 6 跨距设置一道横向斜撑。

开口型双排脚手架的两端均必须设置横向斜撑。

剪刀撑宜采用菱形布置（见图 4-6）：

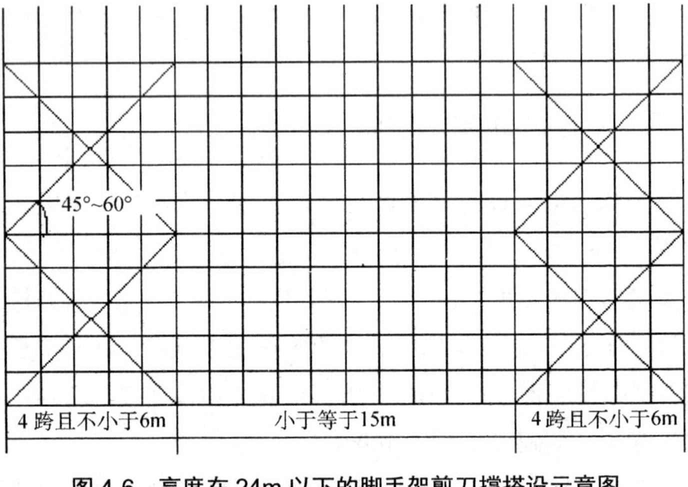


**图 4-6　高度在 24m 以下的脚手架剪刀撑搭设示意图**

高度在 24m 以上的双排脚手架，应在外侧立面整个长度和高度上连续设置剪刀撑。

## 四、连墙件

连墙件应根据工程的具体形式经计算后选用，正常情况下架体一般选用两步三跨或两步两跨的连墙件，应优先采用菱形布置，或者采用方形、矩形布置。

连墙件遇柱子时应采取抱柱方式连接（见图 4-7）。

若连墙件位置无柱时，在楼层边梁上正对连墙件位置设 $\Phi$48.3mm×3.6mm 短钢管，用以固定连墙件。

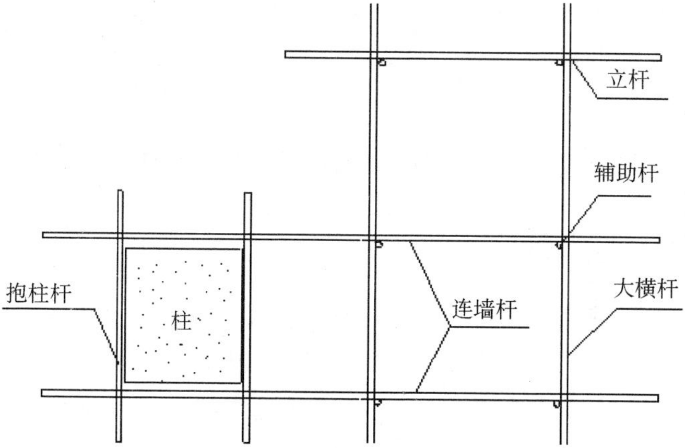


**图 4-7　连墙件抱柱连接**

连墙件必须从底部第一根纵向水平杆处开始设置，当该处设置有困难时，应采用其他可靠措施固定。当搭至有连墙件的构造层时，搭设完立杆、纵向水平杆、横向水平杆后，应立即设置连墙件。连墙件应采用可承受拉力和压力的刚性构件连接，随脚手架的升高设在靠近主节点 300mm 的范围内。呈水平垂直与墙面设置，也可将与脚手架连接的一端稍微下斜，不允许向上翘起。

一字形脚手架、开口型脚手架的两端必须设置连墙件。当脚手架下部暂不能设连墙件时可搭设抛撑。抛撑应采用通长杆件与脚手架可靠连接，与地面的倾角应在 45°～60°；连接点中心至主节点的距离不应大于 300mm。抛撑应在连墙件搭设后方可拆除。

## 五、门洞

单排、双排脚手架门洞宜采用上升斜杆、平行弦杆桁架结构形式（见图 4-8），斜杆与地面的倾角 $a$ 应在 45°～60°。门洞桁架的形式宜按下列要求确定：

（1）当步距（$h$）小于纵距（$l_a$）时，应采用 A 型[见图 4-8（a）和（b）]；

（2）当步距（$h$）大于纵距（$l_a$）时，应采用 B 型[见图 4-8（c）和（d）]。

单排、双排脚手架门洞桁架的构造应符合下列规定：

（1）单排脚手架门洞处，应在平面桁架［见图 4-8 中（a）（b）（c）、（d）］的每一节间设置一根斜腹杆；双排脚手架门洞处的空间桁架，除下弦平面外，应在其余五个平面内的图示节间设置一根斜腹杆（见图 4-8 中 2-2、3-3 剖面图）。

（2）斜腹杆宜采用旋转扣件固定在与之相交的横向水平杆的伸出端上，旋转扣件中心线至主节点的距离不宜大于 150mm。当斜腹杆在 1 跨内跨越 2 个步距［见图 4-8（a）］时，宜在相交的纵向水平杆处，增设一根横向水平杆，将斜腹杆固定在其伸出端上。

（3）斜腹杆宜采用通长杆件，当必须接长使用时，宜采用对接连接，也可采用搭接，搭接构造应符合当立杆采用搭接接长时，搭接长度不应小于 1m，并应采用不少于两个旋转扣件固定的要求。端部扣件盖板的边缘至杆端距离不应小于 100mm。

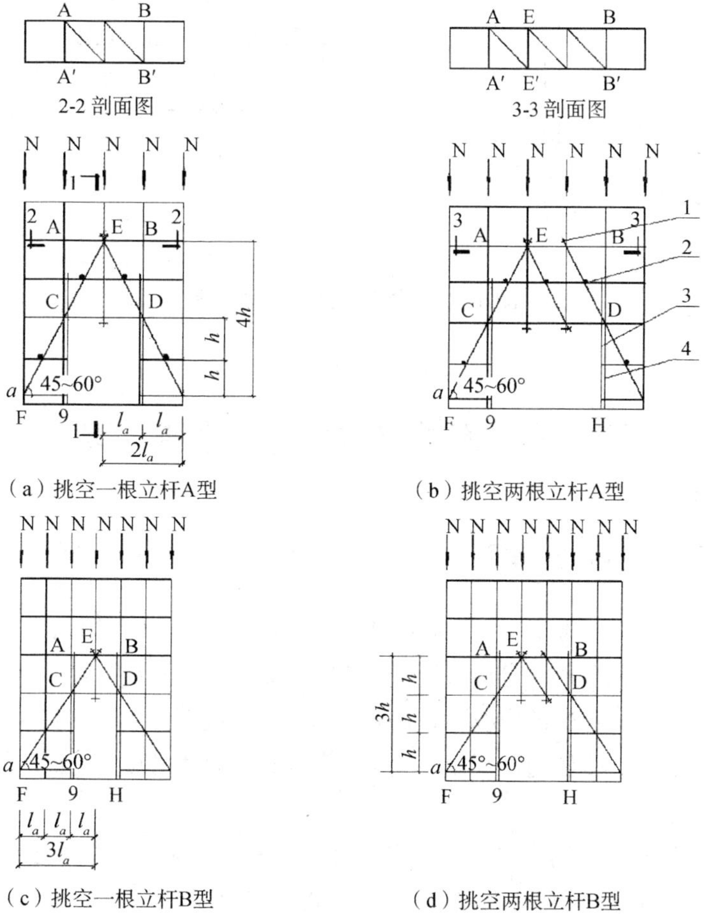


（a）挑空一根立杆A型

（b）挑空两根立杆A型

（c）挑空一根立杆B型

（d）挑空两根立杆B型

1—防滑扣件；2—增设的横向水平杆；3—副立杆；4—主立杆。

**图 4-8　门洞处上升斜杆、平行弦杆桁架**

门洞桁架下的两侧立杆应为双管立杆，副立杆高度应高于门洞口 1～2 步。

门洞桁架中伸出上下弦杆的杆件端头，均应增设一个防滑扣件（见图 4-9），该扣件宜紧靠主节点处的扣件。

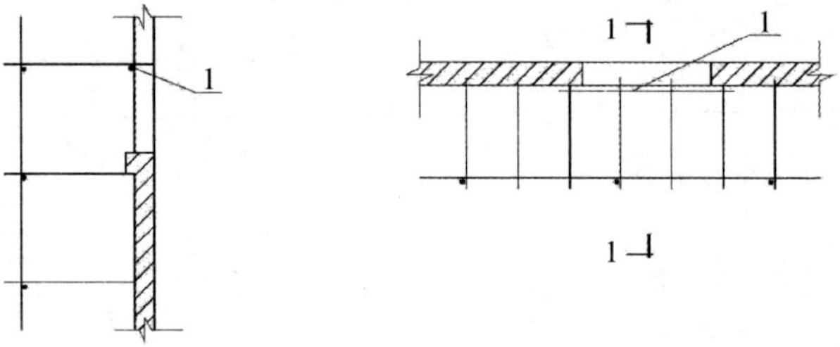


1—增设的纵向水平杆。

**图 4-9　单排脚手架过门洞构造**

# 第二节　模板支撑架与满堂脚手架

## 一、模板支撑架

模板支撑架是用于建筑物的现浇混凝土模板支撑的负荷架子，承受模板钢筋、浇捣的混凝土和施工作业的人员、工具等的重量，其作用是保证模板面板的形状和位置不改变。

模板支撑架通常采用脚手架的杆（构）配件搭设，按脚手架结构计算。

脚手架结构模板支撑架的类别，用脚手架材料可以搭设各类模板支撑架，扣件式、碗扣式和门式钢管脚手架材料均可用于构造模板支撑架。

（1）模板支撑架的设置要求。

用脚手架材料可以搭设各类模板支撑架，包括梁模、板模和箱基模等，并大量用于梁板模板的支架中。在板模和梁板模支架中，支撑高度 4.5m 者，称为“高支撑架”。住房和城乡建设部发布的《建设工程高大模板支撑系统施工安全监督管理导则》（建质〔2009〕254 号）第 1.3 条规定，高大模板支撑系统是指建设工程施工现场混凝土构件模板支撑高度超过 8m，或搭设跨度超过 18m，或施工总荷载大于 15kN/$m^2$，或集中线荷载大于 20kN/m 的模板支撑系统。

（2）支撑架的设置应满足可靠承受模板荷载，确保沉降、变形、位移均符合规定，绝对避免出现坍塌和垮架，并应特别注意以下三点：

1）承力点应设在支柱或靠近支柱处，避免水平杆跨中受力。

2）充分考虑施工中可能出现的最大荷载作用，并确保其具有两倍的安全系数。

3）支柱的基底应牢固可靠，避免发生严重的沉降变形。

## 二、满堂脚手架

满堂脚手架搭设的高度不宜超过 36m；满堂脚手架施工层不得超过 1 层。满堂脚手架立杆接长接头必须采用对接扣件连接，水平杆长度不宜小于 3 跨；满堂脚手架在架体外侧四周及内部纵横向每 6～8m 时，应在架顶部设置连续水平剪刀撑；当架体搭设高度在 8m 及以上时，要在架体底部、顶部及竖向间隔不超过 8m 处分别设置连续水平剪刀撑，水平剪刀撑宜在竖向剪刀撑斜杆相交平面设置，剪刀撑宽度应为 6～8m（见图 4-10）。

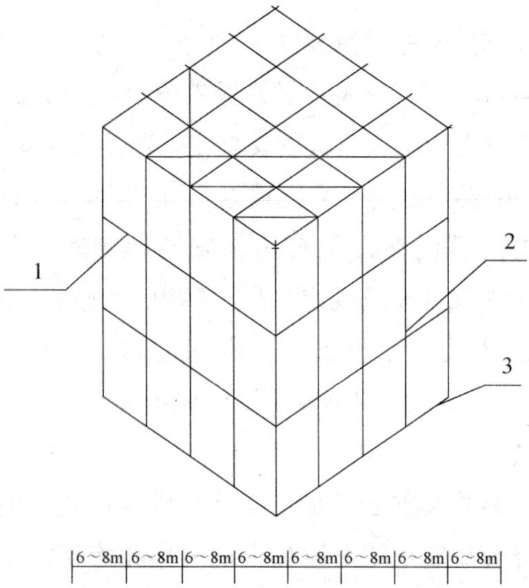


1—水平剪刀撑；2—竖向剪刀撑；3—扫地杆设置。

图 4-10　普通型水平剪刀撑、竖向剪刀撑

# 第三节　双排扣件式钢管脚手架搭设验收及拆除

## 一、扣件式钢管脚手架搭设

脚手架施工前必须制订施工设计或专项方案，保证其技术可靠和使用安全，经技术审查批准后方可实施。脚手架搭设前，工程技术负责人应按脚手架施工设计或专项方案的要求对搭设和使用人员进行技术交底。对进入现场的脚手架构配件，使用前应对其质量进行复检。构配件应按品种、规格分类放置在堆料区内或码放在专用架上，清点好数量后备用。脚手架堆放场地排水应畅通，不得有积水。脚手架搭设场地必须平整、坚实、排水措施得当。

施工准备包括：

**1. 材料要求**

参照第四章第一节内容。

**2. 脚手架的构造要求**

（1）立杆与大横杆必须用直角扣件扣紧，不准出现隔步设置、遗漏或没拧紧的现象。相邻立杆的接头位置应错开布置在不同的步距内，与大横杆的距离不大于步距的1/3。

（2）上下大横杆的接头位置应错开布置在不同的立杆纵距内，与相邻立杆的距离不大于纵距的1/3。相邻步架的大横杆应错开布置在立杆的四周和外侧，以减少立杆的偏心受载情况，同一排大横杆的水平偏差不大于该片脚手架总长度的1/250，且不大于50mm。

（3）脚手架必须设置纵横向扫地杆。纵向扫地杆用直角扣件固定在距底座上方200mm处的立杆上。横向扫地杆也采用直角扣件固定在紧靠纵向扫地杆下方的立杆上。当立杆基础不在同一高度上时，必须将高处的纵向扫地杆向低处延伸，两跨与立杆固定，高低差不得大于1.0m，靠边坡上方的立杆轴线到边坡的距离不应小于500mm。

（4）各杆件相交伸出的端头均要大于100mm，以防杆件滑脱。

（5）脚手板满铺于操作层，内立杆与结构边缘间应铺一块脚手板，脚手板与立杆或大横杆用8号镀锌钢丝绑扎牢固，脚手板不足时应搭接，搭接长度不小于20cm，横向脚手板间不留空隙。脚手板应铺满、铺稳、压实。脚手板应设置在三根横向水平杆上；脚手板可以采用对接平铺，亦可采用搭接铺设。脚手板对接平铺时，接头处必须设两根横向水平杆，脚手板外伸长度应取130～150mm，两块脚手板外伸长度的和不应大于300mm。作业层端部脚手板探头长度应取150mm，其板长两端均应与支撑杆可靠固定

（采用 8 号镀锌钢丝绑扎）。

（6）立杆接长除顶层可以采用搭接长度外，其余各层必须使用对接扣件连接。立杆上的对接扣件应交错布置：两根相邻立杆的接头不应设置在同步内，同步内隔一根立杆的两个相隔接头在高度方向错开的距离不小于 500mm，各接头中心至主节点的距离不宜大于步距的 1/3。搭接长度不应小于 1.0m，应采用不少于 2 个旋转扣件固定，端部扣件盖板的边缘至杆端距离不应小于 100mm。

**3. 脚手架的搭设**

（1）搭设工序

地基处理及设置有效的排水措施→基础验收→铺设槽钢、5cm 厚垫木或底座→立杆搭设→横向扫地杆搭设→纵向水平杆搭设→横向水平杆搭设→连墙件设置（抛撑）→防护栏杆→剪刀撑设置→铺脚手板挂安全网→脚手架分段验收→交其他工种使用（在未验收不能确保作业空间防护安全时，脚手架不得交给其他工种的作业工人使用）。

（2）首层立杆、扫地杆搭设

先在细部放样所放的线上放置槽钢或木垫底座并固定牢靠，然后再进行立杆、扫地杆的架设。

横向、纵向扫地杆应固定在立杆上距底座上沿不大于 200mm 处，应紧靠纵向扫地杆下方固定在立杆上。

（3）立杆

立杆应采用对接扣件连接，连接应交错布置，当立杆基础不在同一高度上时，必须将高处的纵向扫地杆向低处延伸，两跨与立杆固定，高低差不得大于 1.0m，靠边坡上方的立杆轴线到边坡的距离不应小于 500mm。

立杆垂直度要充分保证，其偏差不大于 1/500，接头必须采用对接扣件，不允许用搭接接头，对接接头在平面内应错开布置，同一平面内要≤25%，在竖向，同一步高内错开距离≥500mm，有必要时立柱接头处加水平杆，确保立柱接头垂直受力、不弯曲。

节点处各扣件应连接紧密，其中心距≤110mm，立柱柱顶传力扣件应对称布置，不能使柱顶偏心力矩朝向同一个方向。

（4）横杆架设

对每一个横杆步高，要实际检查位置、模数是否符合要求，确认无误或调整后，再整体往上搭。

应先搭纵向横杆（即与底座平行的横杆），再搭横向横杆；纵向横杆应设置在立杆内侧，长度不小于 3 跨；横向横杆搭在纵向横杆上面，长度亦应不小于 3 跨。

横杆采用对接扣件时，连接应交错布置，相邻对接接头不应在同步或同跨内，水平方向应错开 500mm 以上；若采用搭接，搭接长度不小于 1m，并用至少 2 个扣件固定。

（5）连墙件

连墙件是脚手架与建筑物之间的连接件，除防止脚手架倾倒、承受偏心荷载和水平荷载作用外，还可加强稳定约束、提高脚手架的稳定承载能力。与墙梁柱拉接应采用钢管扣件刚性拉接。连墙件必须随脚手架升高，在规定的位置上及时设置，不得在脚手架搭设完后补安装，也不得任意拆除。一般情况下，对于高度在 24m 以下的单排脚手架，可按 3 跨 3 步设置一个（约 $40m^2$）连墙件。对于高层及重载脚手架，则要适当加密，50m 以下的双排落地脚手架至少应 3 跨 3 步布置一个（约 $40m^2$）连墙件；50m 以上的双排悬挑脚手架至少应 3 跨 2 步布置一个（约 $27m^2$）连墙件。连墙件的布置尽量采用菱形布置，相邻两点的垂直间距≤4.0m，水平距离≤4.5m。连墙件安装时要注意调整脚手架与墙体间的距离，使脚手架保持垂直，严禁向外倾斜。

连墙件安装时应呈水平设置，当不能水平设置时，应向脚手架一端下斜连接。

（6）剪刀撑

为保证脚手架的整体稳定性，在相关面上设置不小于45°的剪刀撑，剪刀撑分垂直剪刀撑和水平剪刀撑。应在外沿满布垂直剪刀撑，可每隔4～6跨设置一道剪刀撑，并在中间每隔4排立杆沿纵向设置一道剪刀撑。凡垂直面上有剪刀撑的位置，应每隔2步架在水平方向设一道水平剪刀撑。垂直剪刀撑跨越5～7根立杆。剪刀撑搭接，搭接长度不小于1m，并采用三个扣件固定，两头的扣件距端部不得小于100mm。

（7）脚手板的铺设

脚手板（木脚手板、竹脚手板或者冲压钢脚手板）应铺满、铺稳，离墙面不应大于150mm；采用对接或搭接方式时均应符合行业内的相关规定；脚手板探头应用直径3.2mm的镀锌钢丝固定在支撑杆件上；在拐角、斜道平台口处的脚手板，应用镀锌钢丝固定在横向水平杆上，防止滑动。

（8）脚手架扶手栏杆

脚手架搭设到2步架以上时，操作层必须设置高1.2m的防护栏杆和高度不小于0.18m的挡脚板，以防止人、物的闪出和坠落。栏杆和挡脚板均应搭设在外立杆的内侧，中栏杆应居中设置。

（9）人行斜道搭设

斜道的布置应根据实际情况确定，尽量设置在上下方便又不影响其他作业的地方。运料斜道的宽度不应小于1.5m，坡度不应大于1∶6，人行斜道的宽度不应小于1m，坡度不应大于1∶3，拐弯处设置的平台宽度不应小于1.5m，两侧设1.2m高栏杆和180mm高挡脚板，脚手板横铺时，应在横向水平杆下设纵向支托杆，纵向支托杆间距不应大于0.5m，脚手板顺铺时，接头应采用搭接，下面的板头应压住上面的板头，板头的凸棱处应采用三角木填顺。斜道的脚手板应每隔 250～300mm 设防滑条，木条厚度应为 20～30mm。

**4. 钢管安装注意事项**

（1）所有脚手架用的钢管、扣件的质量和外观必须经过仔细检查验收，不符合要求的钢管、扣件不准使用。

（2）外径 *Φ*48.3mm 的普通钢管与其他规格的钢管严禁混合使用。

**5. 扣件安装注意事项**

（1）扣件规格必须与钢管外径相同（碗扣式除外），螺栓拧紧力矩不应小于 40N・m 且不应大于 65N・m。

（2）对接扣件的开口应朝上或朝内。

（3）各杆件端头伸出扣件盖板边缘的长度不应小于 100mm。

落地扣件式钢管脚手架的搭设大样见图 4-11。

**6. 脚手架的安全要求**

（1）脚手架必须经过安全部门验收后，才能交付使用。

（2）未经批准任何人不得擅自更改设计方案，确实需要修改的必须经重新审批后，方可修改。

（3）设专职安全员经常巡视脚手架的工作状态，保证搭设完整，使用正常（包括地下加固部分）。

（4）必须遵守相关的安全技术规程，凡出现搭设与专项方案要求不一致的情况时应及时向项目部反映，不得强行施工。

（5）凡没有与铺设脚手板的作业层相连的楼层，必须在楼边设置安全防护栏。

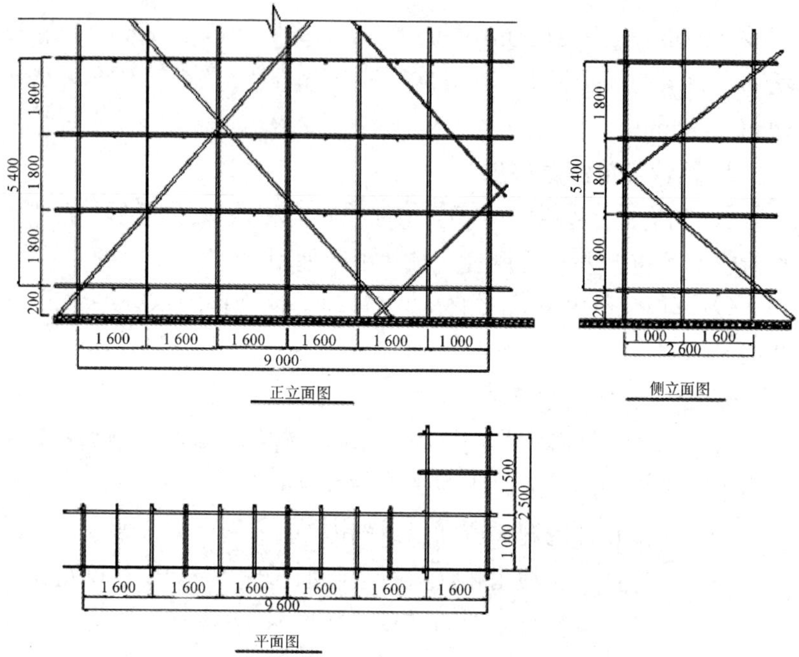


图 4-11　落地扣件式钢管脚手架的搭设大样

## 二、扣件式钢管脚手架验收

### （一）脚手架及基础应在下列阶段进行检查与验收

（1）基础完工后及脚手架搭设前；

（2）作业层上施加荷载前；

（3）每搭设完 6～8m 高度后；

（4）达到设计高度后；

（5）遇到 6 级及以上强风或大雨后，冻结地区解冻后；

（6）停用超过 1 个月。

## （二）脚手架使用中，应定期检查下列要求内容

（1）杆件的设置和连接，连墙件、支撑、门洞桁架等构造应符合《建筑施工扣件式钢管脚手架安全技术规范》（JGJ 130—2011）及专项施工方案的要求；

（2）地基应无积水，底座应无松动，立杆应无悬空；

（3）扣件螺栓应无松动；

（4）高度在 24m 以上的脚手架，其立杆的沉降与垂直度的偏差是否符合表 4-1 中第 1 条及第 2 条的规定；

（5）安全防护措施是否符合规范要求；

（6）应无超载使用。

安装后的扣件螺栓拧紧扭力矩应采用扭力扳手检查，抽样方法应按随机分布原则进行。抽样检查数目与质量判定标准，应按表 4-2 的规定确定。不合格的必须重新拧紧至合格。

**表 4-1　脚手架搭设的技术要求、允许偏差与检验方法**

| 项次 | 项目 | | 技术要求 | 允许偏差Δ/mm | 示意图 | 检查方法与工具 |
|---|---|---|---|---|---|---|
| 1 | 地基基础 | 表面 | 坚实平整 | | | 观察 |
| | | 排水 | 不积水 | | | |
| | | 垫板 | 不晃动 | | | |
| | | 底座 | 不滑动 | | | |
| | | | 不沉降 | −10 | | |
| 2 | 单排、双排与满堂脚手架立杆垂直度 | 最后验收立杆垂直度（20～50m） | — | ±100 | 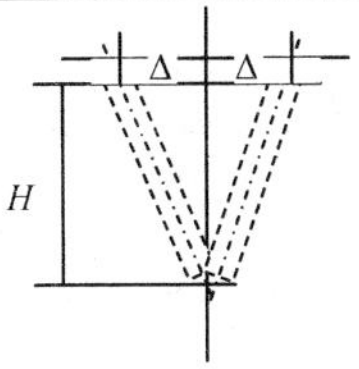 | 用经纬仪或吊线和卷尺 |
| | | 下列脚手架允许水平偏差/mm | | | | |

续表

<table>
<tr><th>项次</th><th>项　目</th><th>技术要求</th><th>允许偏差Δ/mm</th><th colspan="2">示意图</th><th>检查方法与工具</th></tr>
<tr><td rowspan="4">2</td><td rowspan="4">单排、双排与满堂脚手架立杆垂直度</td><td rowspan="2">搭设中检查偏差的高度/m</td><td colspan="3">总高度</td><td rowspan="12">用经纬仪或吊线和卷尺</td></tr>
<tr><td>50m</td><td>40m</td><td>20m</td></tr>
<tr><td>H=2<br>H=10<br>H=20<br>H=30<br>H=40<br>H=50</td><td>±7<br>±20<br>±40<br>±60<br>±80<br>±100</td><td>±7<br>±25<br>±50<br>±75<br>±100</td><td>±7<br>±50<br>±100</td></tr>
<tr><td colspan="4">中间档次用插入法</td></tr>
<tr><td rowspan="8">3</td><td rowspan="8">满堂支撑架立杆垂直度</td><td>最后验收垂直度30m</td><td>—</td><td>±90</td><td>—</td></tr>
<tr><td colspan="4">下列满堂支撑架允许水平偏差/mm</td></tr>
<tr><td colspan="2" rowspan="2">搭设中检查偏差的高度/m</td><td colspan="2">总高度</td></tr>
<tr><td colspan="2">30m</td></tr>
<tr><td colspan="2">H=2<br>H=10<br>H=20<br>H=30</td><td colspan="2">±7<br>±30<br>±60<br>±90</td></tr>
<tr><td colspan="4">中间档次用插入法</td></tr>
<tr style="display:none"></tr>
<tr style="display:none"></tr>
<tr><td>4</td><td>单双排、满堂脚手架间距</td><td>步距<br>纵距<br>横距</td><td>—<br>—<br>—</td><td>±20<br>±50<br>±20</td><td>—</td><td>钢板尺</td></tr>
<tr><td>5</td><td>满堂支撑架间距</td><td>步距<br>纵距<br>横距</td><td>—<br>—<br>—</td><td>±20<br>±30</td><td>—</td><td>钢板尺</td></tr>
</table>

续表

| 项次 | 项　目 | | 技术要求 | 允许偏差 Δ/mm | 示意图 | 检查方法与工具 |
|---|---|---|---|---|---|---|
| 6 | 纵向水平杆高差 | 一根杆的两端 | — | ±20 | 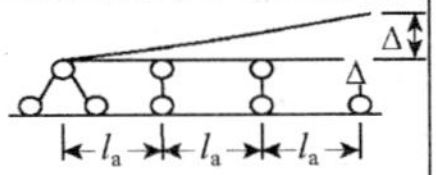 | 水平仪或水平尺 |
| | | 同跨内两根纵向水平杆高差 | — | ±10 | 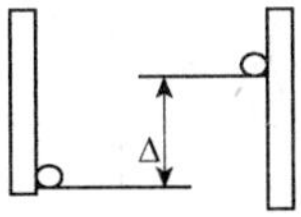 | |
| 7 | 剪刀撑斜杆与地面的倾角 | | 45°～60° | | | 角尺 |
| 8 | 脚手板外伸长度 | 对接 | $a$=（130～150mm）<br>$l$≤300mm | | 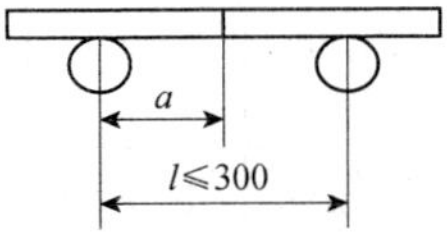 | 卷尺 |
| | | 搭接 | $a$≥100mm<br>$l$≥200mm | | 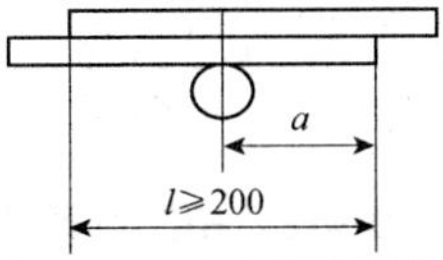 | 卷尺 |
| 9 | 扣件安装 | 主节点处各扣件中心点相互距离 | $a$≤500mm | | 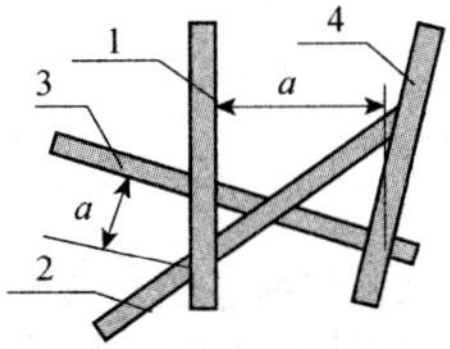 | 钢板尺 |
| | | 同步立杆上两个相隔对接扣件的高差 | $a$≥500mm | | 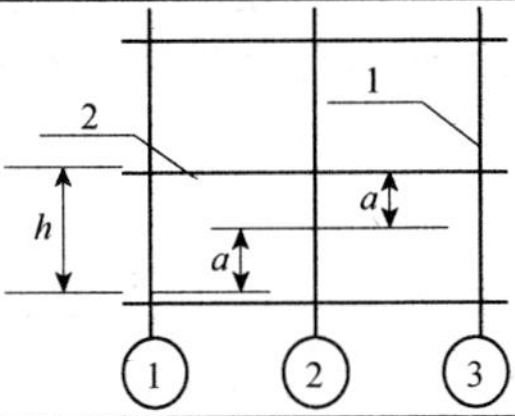 | 钢卷尺 |

续表

| 项次 | 项目 | | 技术要求 | 允许偏差Δ/mm | 示意图 | 检查方法与工具 |
|---|---|---|---|---|---|---|
| 9 | 扣件安装 | 立杆上的对接扣件至主节点的距离 | $a \leqslant h/3$ | — | 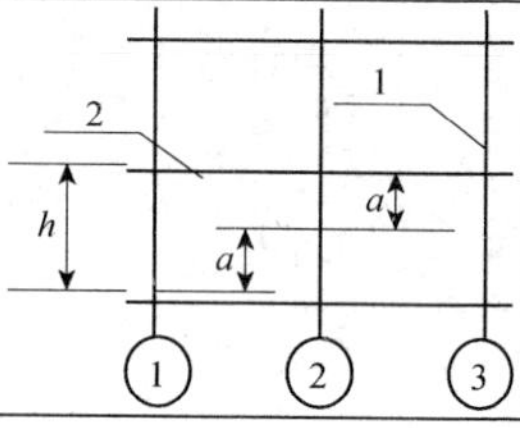 | 钢卷尺 |
| | | 纵向水平杆上的对接扣件至主节点的距离 | $a \leqslant l_a/3$ | — | 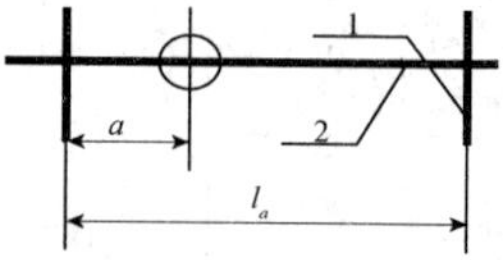 | 钢卷尺 |
| | | 扣件螺栓拧紧扭力矩 | （40～65）N·m | — | | 扭力扳手 |

注：1—立杆；2—纵向水平杆；3—横向水平杆；4—剪刀撑。

**表 4-2　扣件拧紧抽样检查数目及质量判定标准**

| 项次 | 检查项目 | 安装扣件数量/个 | 抽查数量/个 | 允许的不合格数量/个 |
|---|---|---|---|---|
| 1 | 连接立杆与纵（横）向水平杆或剪刀撑的扣件；接长立杆、纵向水平杆或剪刀撑的扣件 | 51～90 | 5 | 0 |
| | | 91～150 | 8 | 1 |
| | | 151～280 | 13 | 1 |
| | | 281～500 | 20 | 2 |
| | | 501～1 200 | 32 | 3 |
| | | 1 201～3 200 | 50 | 5 |
| 2 | 连接横向水平杆与纵向水平杆的扣件（非主节点处） | 51～90 | 5 | 1 |
| | | 91～150 | 8 | 2 |

续表

| 项次 | 检查项目 | 安装扣件数量/个 | 抽查数量/个 | 允许的不合格数量/个 |
|---|---|---|---|---|
| 2 | 连接横向水平杆与纵向水平杆的扣件（非主节点处） | 151～280 | 13 | 3 |
| | | 281～500 | 20 | 5 |
| | | 501～1 200 | 32 | 7 |
| | | 1 201～3 200 | 50 | 10 |

## 三、扣件式钢管脚手架拆除

扣件式钢管脚手架的拆除顺序：

脚手架的拆除顺序与搭设顺序相反，先搭的后拆，后搭的先拆。

安全网→防护栏杆→挡脚板→剪刀撑→斜道→连墙件→小横杆→大横杆→脚手板→斜杆→立杆→…→抛撑→立杆底座。

脚手架拆除的注意事项：

（1）拆除前应先进行安全技术交底。应全面检查脚手架的扣件连接、连墙件、支撑体系等是否符合构造要求；应根据检查结果补充完善脚手架专项方案中的拆除顺序和措施，经审批后方可实施；拆除前应对施工人员进行交底；应清除脚手架上的杂物及地面障碍物。

（2）拆除作业按搭设作业的相反程序进行，拆除顺序应遵守由上到下，先搭的后拆、后搭的先拆的原则，即先拆安全网、防护栏杆、挡脚板、剪刀撑、斜道、连墙件，而后拆小横杆、大横杆、脚手板等，并按一步一清原则依次进行，要严禁上下同时进行拆除工作。拆架子的高空作业人员应佩戴安全帽、系安全带、穿软底鞋上架作业，同时，周围设置栏杆或竖立警戒标志并有专人指挥，以免发生伤亡事故。当脚手架拆至下部最后一根长立杆的高度时，应先在适当位置搭设临时抛撑加固后，再拆除连墙件。

（3）与墙、梁、柱的连墙件应随脚手架逐层拆除，严禁先拆除整层或数层连墙件后再拆除脚手架。

（4）分段拆除高差不应大于两步，如大于两步，则应加固。

（5）拆除的构配件严禁抛至地面，应调运至地面，不得向下抛掷。

（6）运至地面的杆配件应放置在指定地点，随拆随运，分类码放，当天拆当天清。

## 第四节　悬挑脚手架

### 一、悬挑脚手架的搭设

（1）一次悬挑脚手架高度不宜超过 20m，超过 20m 的悬挑脚手架搭设方案需通过专家论证后方可实施（见图 4-12）。

（2）型钢悬挑梁宜采用双轴对称截面的型钢。悬挑钢梁型号及锚固件应按设计要求确定，钢梁截面高度不应小于 160mm。悬挑梁尾端应在两处及以上固定于钢筋混凝土梁板结构上。锚固型钢悬挑梁的 U 型钢筋拉环或锚固螺栓直径不宜小于 16mm。

（3）用于锚固的 U 型钢筋拉环或螺栓应采用冷弯成型。U 型钢筋拉环、锚固螺栓与型钢的间隙应用钢楔或硬木楔揳紧。

（4）每个型钢悬挑梁外端宜设置钢丝绳或钢拉杆与上一层建筑结构斜拉结。钢丝绳、钢拉杆不参与悬挑钢梁受力计算；钢丝绳与建筑结构拉结的吊环应使用 HPB235 级钢筋，其直径不宜小于 20mm，吊环预埋锚固长度应符合《混凝土结构设计规范》（GB 50010—2010）（2015 年版）中钢筋锚固的规定。

（5）悬挑钢梁悬挑长度应按设计确定，固定段长度不应小于悬挑段长度的 1.25 倍。型钢悬挑梁固定端应采用 2 个（对）及以上 U 型钢筋拉环或锚固螺栓与建筑结构梁板固定，U 型钢筋拉环或锚固螺栓应预埋至混凝土梁、板底层钢筋位置，并应与混凝土梁、板底层钢筋焊接或绑扎牢固，其锚固长度应符合《混凝土结构设计规范》（GB 50010—2010）（2015 年版）中钢筋锚固的规定（见图 4-13）。

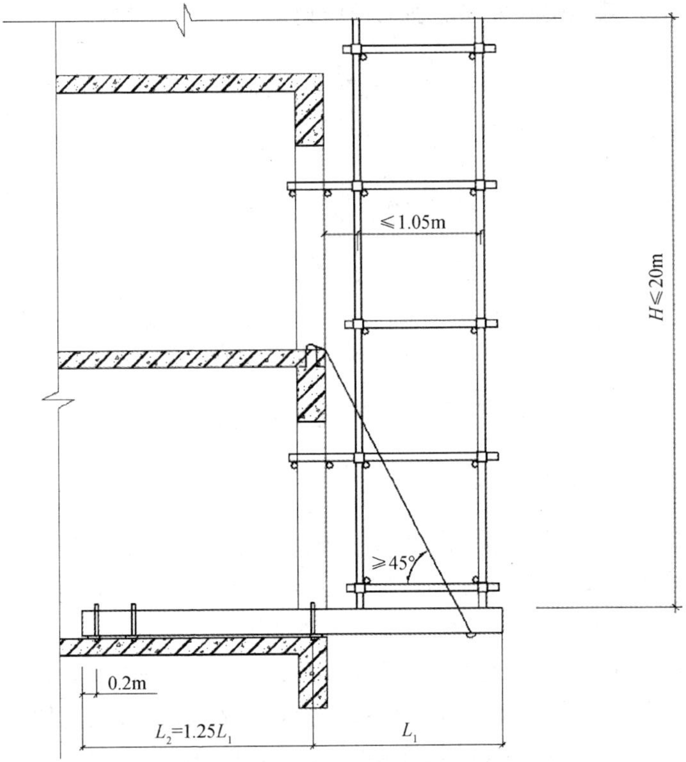


图 4-12　悬挑式脚手架的构造

（6）当型钢悬挑梁与建筑结构采用螺栓钢压板连接固定时，钢压板尺寸不应小于 100mm×10mm（宽×厚）；当采用螺栓角钢压板连接时，角钢的规格不应小于 63mm×63mm×6mm。

（7）型钢悬挑梁悬挑端应设置能使脚手架立杆与钢梁可靠固定的定位点，定位点离悬挑梁端部的距离不应小于 100mm。

锚固位置设置在楼板上时，楼板的厚度不宜小于 120mm。如果楼板的厚度小于 120mm，应采取加固措施。

（8）悬挑梁的间距应按悬挑架架体立杆纵距设置，每 1 纵距设置 1 根悬挑梁。

（9）悬挑架的外立面剪刀撑应自下而上连续设置。

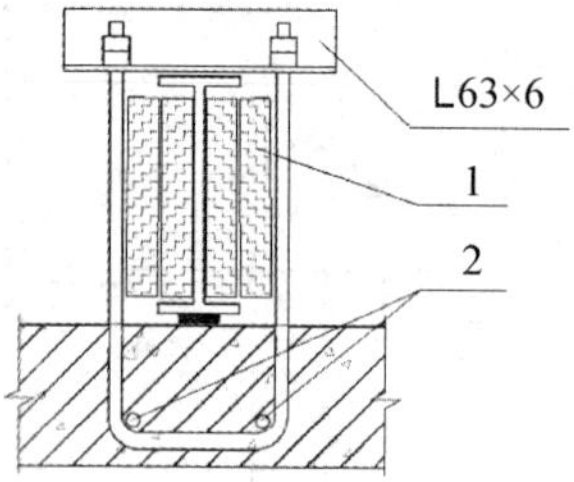


1—木楔侧向揳紧；2—两根 1.5m 长、直径 18mm 的 HRB335 钢筋。

**图 4-13　悬挑钢梁 U 型螺栓固定构造**

## 二、扣件式钢管悬挑脚手架的搭设

### （一）材料要求

（1）扣件式钢管悬挑脚手架宜采用双轴对称截面的型钢，钢梁截面高度不应小于 160mm。材质必须符合国家标准规定的要求。

（2）钢管、扣件、型钢规格等参考第三章。

（3）扣件式钢管悬挑脚手架采用可锻铸铁制作的扣件，其材质应符合《钢管脚手架扣件》（GB 15831—2006）的规定；采用其他材料制作的扣件，应经试验证明其质量符合该标准的规定后方可使用。

扣件式钢管悬挑脚手架采用的扣件，在螺栓拧紧扭力矩达 65N・m 时，不得发生破坏。

（4）密目网、竹串片：应具有产品合格证。

（5）锚环必须采用 I 级、直径为 16mm 的圆钢，钢材必须复试合格。

### （二）悬挑梁及锚环制作

（1）悬挑梁采用 16 号工字钢，在距离悬挑梁前端 100mm 处焊

$\Phi$32mm 钢管（钢筋头），用于固定立杆（防止立杆移位），焊接时不允许点焊，必须满焊，保证焊接质量，钢管（钢筋头）高出“工”字钢 150～200mm（见图 4-14）。

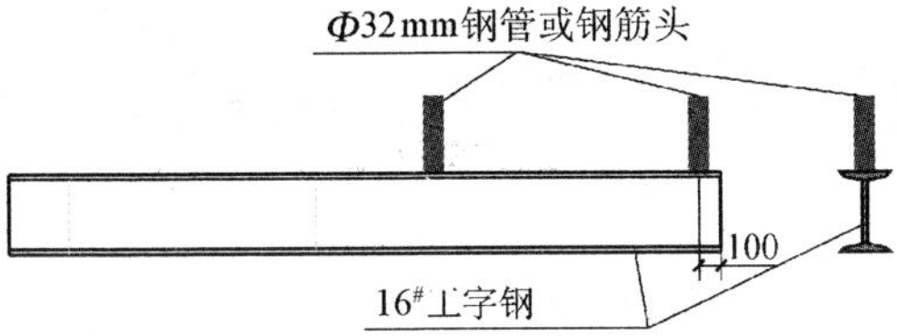


**图 4-14　悬挑梁平面布置**

（2）锚环的制作。

悬挑梁锚环必须采用一级 $\Phi$16mm 圆钢，且水平段锚固长度不小于 350mm（见图 4-15）。

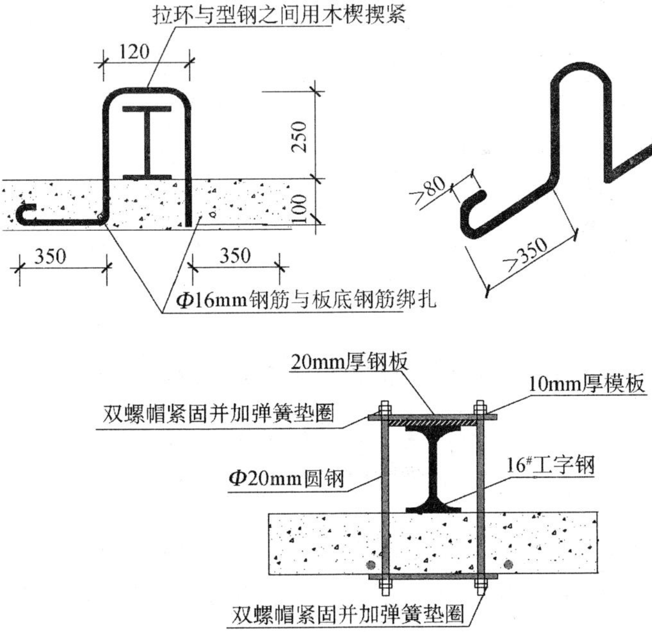


**图 4-15　悬挑梁锚固点大样**

# 第五章　碗扣式钢管脚手架

碗扣式脚手架是采用碗扣方式连接的钢管脚手架。

对于落地碗扣式脚手架，当搭设高度 $H \leqslant 20$m 时可按普通架子常规搭设，当搭设高度 $H > 20$m 及超高、超重、大跨度的模板支撑体系时，必须制定专项施工设计方案，并进行结构分析和计算。碗扣节点由上碗扣、下碗扣、立杆、横杆接头和上碗扣限位销组成。

碗扣式钢管脚手架的搭设顺序：安放立杆底座或立杆可调底座→竖立杆、安放扫地杆→安装底层（第一步）横杆→安装斜杆→接头收紧→铺放脚手板→安装上层立杆→紧立杆连接销→安装横杆→设置连墙件→设置人行梯→设置剪刀撑→挂设安全网。

## 第一节　碗扣式脚手架构、配件材料及制作质量要求

碗扣式脚手架用钢管应采用符合《直缝电焊钢管》（GB/T 13793—2016）或《低压流体输送用焊接钢管》（GB/T 3091—2015）规定的 Q235A 级普通钢管，其材质性能应符合《碳素结构钢》

（GB/T 700—2006）的规定。

碗扣式脚手架用钢管规格为 $\Phi$48mm×3.5mm，钢管壁厚应为3.5mm＋0.25mm。

上碗扣、可调底座及可调托撑螺母应采用可锻铸铁或铸钢制造，其材料机械性能应符合《可锻铸铁件》（GB/T 9440—2010）中KTH 330—08 及《一般工程用铸造碳钢件》（GB/T 11352—2009）中 ZG 270—500 的规定。

下碗扣、横杆接头、斜杆接头应采用碳素铸钢制造，其材料机械性能应符合《一般工程用铸造碳钢件》（GB/T 11352—2009）中ZG 230—450 的规定。

采用钢板热冲压整体成型的下碗扣，钢板应符合《碳素结构钢》（GB/T 700—2006）中 Q235A 级钢的要求，板材厚度不得小于6mm，并经 600～650℃的时效处理。严禁用废旧锈蚀钢板改制。

立杆连接外套管壁厚度不得小于 3.5mm＋0.25mm，内径不得大于 50mm，外套管长度不得小于 160mm，外伸长度不得小于110mm。

杆件的焊接应在专用工装上进行，各焊接部位应牢固可靠，焊缝高度不小于 3.5mm，其组焊形位公差应符合表 5-1 的要求。

**表 5-1　杆件组焊形位公差的要求**

| 序号 | 项目 | 允许偏差/mm |
|---|---|---|
| 1 | 杆件管口平面与钢管轴线垂直度 | 0.5 |
| 2 | 立杆下碗扣间距 | ±1 |
| 3 | 下碗扣碗口平面与钢管轴线垂直度 | ≤1 |
| 4 | 接头的接触弧面与横杆轴心垂直度 | ≤1 |
| 5 | 横杆两接头接触弧面的轴心线平行度 | ≤1 |

立杆上的上碗扣应能上下串动和灵活转动，不得有卡滞现象；杆件最上端应有防止上碗扣脱落的措施。

立杆与立杆连接的连接孔处应能插入 $\Phi$10mm 连接销。

在碗扣节点上同时安装 1～4 个横杆，上碗扣均应能锁紧。

构配件外观质量要求：

（1）钢管应无裂纹、凹陷、锈蚀，不得采用接长钢管。

（2）铸造件表面应光整，不得有砂眼、缩孔、裂纹、浇冒口残余等缺陷，表面黏砂应清除干净。

（3）冲压件不得有毛刺、裂纹、氧化皮等缺陷。

（4）各焊缝应饱满，焊药应清除干净，不得有未焊透、夹砂、咬肉、裂纹等缺陷。

（5）构、配件防锈漆涂层应均匀、牢固。

（6）主要构、配件上的生产厂标识应清晰。

可调底座及可调托撑丝杆与螺母捏合长度不得少于 6 扣，插入立杆内的长度不得小于 150mm。

碗扣式脚手架的基本构造见图 5-1。

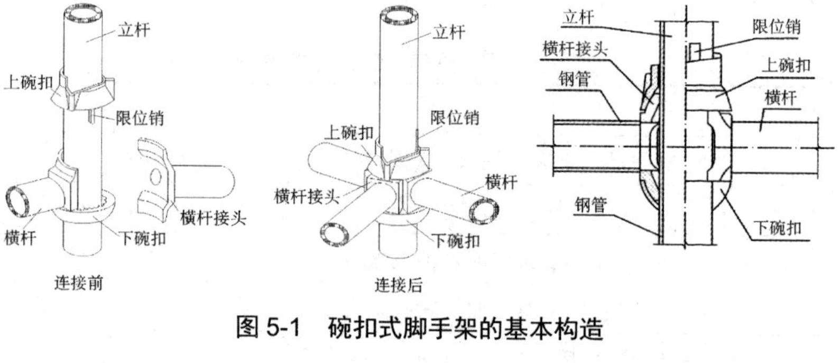


**图 5-1　碗扣式脚手架的基本构造**

# 第二节　双排碗扣式钢管脚手架构造要求

双排碗扣式钢管脚手架应根据使用条件及荷载要求选择结构设计尺寸，横杆步距宜选用 1.8m，廊道宽度（横距）宜选用 1.2m，立杆纵向间距可选择不同规格的系列尺寸。

曲线布置双排外脚手架组架时，应按曲率要求使用不同长度的内外横杆组架，曲率半径应大于 2.4m。

双排外脚手架拐角为直角时，宜采用横杆直接组架［见图 5-2（a)］；拐角为非直角时，可采用钢管扣件组架［见图 5-2（b)］。

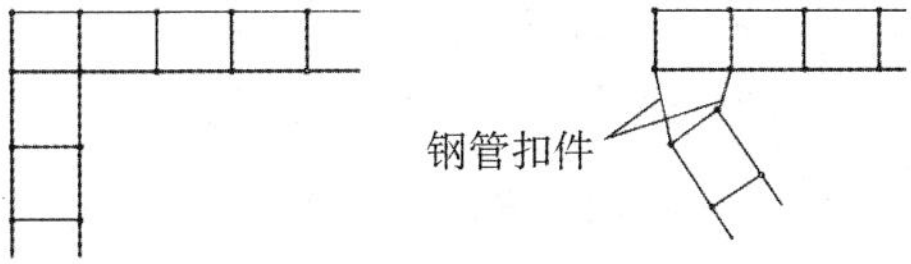


（a）横杆直接组架　　（b）钢管扣件组架

图 5-2　拐角组架图

脚手架首层立杆应采用不同的长度交错布置，底部横杆（扫地杆）严禁拆除，立杆应配置可调底座（见图 5-3）。

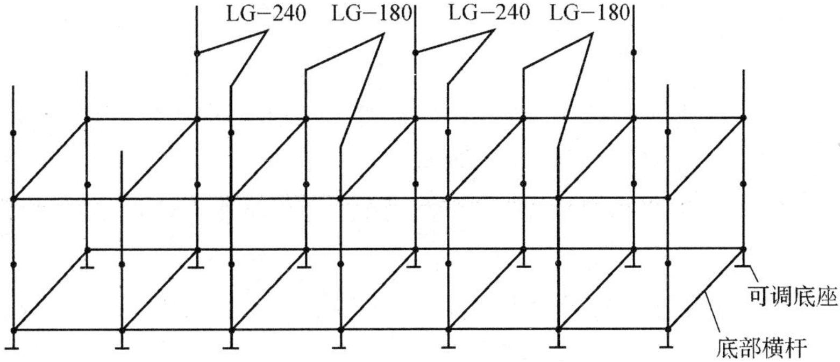


图 5-3　脚手架首层立杆布置图

脚手架专用斜杆设置应符合以下规定：

（1）斜杆应设置在有纵向杆、横向横杆的碗扣节点上；

（2）脚手架拐角处及端部必须设置竖向通高斜杆（见图 5-4）；

（3）脚手架高度≤20m 时，每隔 5 跨设置 1 组竖向通高斜杆；脚手架高度大于 20m 时，每隔 3 跨设置 1 组竖向通高斜杆；斜杆必须对称设置（见图 5-4）；

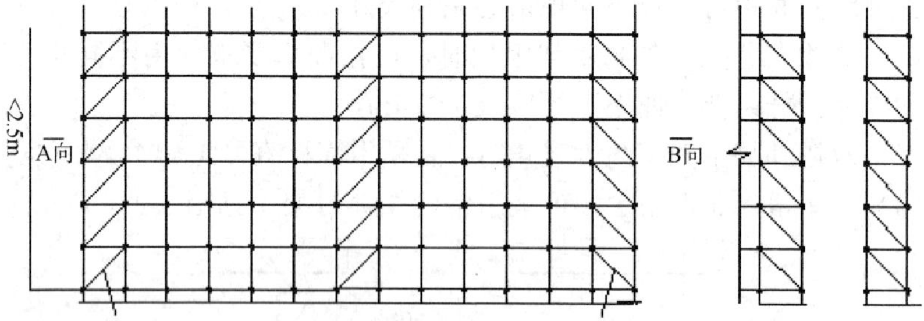


图 5-4　专用斜杆设置图

（4）斜杆临时拆除时，应调整斜杆位置，并严格控制同时拆除的根数。

当采用钢管扣件做斜杆时应符合以下规定：

（1）斜杆应每步与立杆扣接，扣接点距碗扣节点的距离宜≤150mm；当出现不能与立杆扣接的情况时亦可与横杆扣接，扣接点应牢固。

（2）斜杆宜设置成八字形，斜杆水平倾角宜在 45°～60°，纵向斜杆间距可间隔 1～2 跨（见图 5-5）。

（3）脚手架高度超过 20m 时，斜杆应在内外排对称设置。

连墙件的设置应符合以下规定：

（1）连墙件与脚手架立面及墙体应保持垂直，每层连墙件应在同一平面，水平间距应不大于 4 跨；

（2）连墙件应设置在有廊道横杆的碗扣节点处，采用钢管扣件做连墙件时，连墙件应采用直角扣件与立杆连接，连接点距碗扣节点距离应≤150mm；

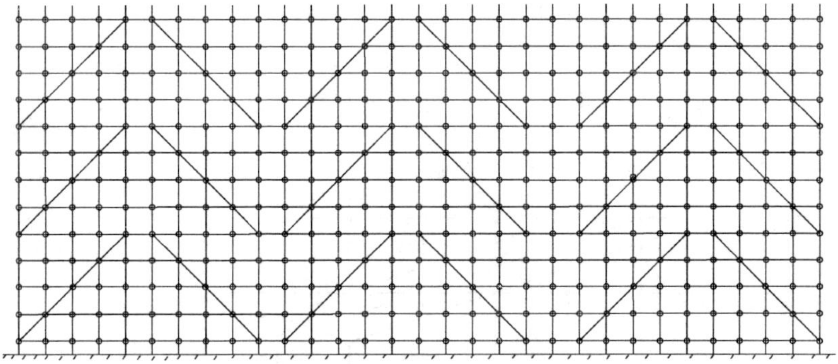

图 5-5　钢管扣件斜杆的设置

（3）连墙件必须采用可承受拉、压荷载的刚性结构。

当连墙件竖向间距大于 4 m 时，连墙件内外立杆之间必须设置廊道斜杆或十字撑（见图 5-6）。

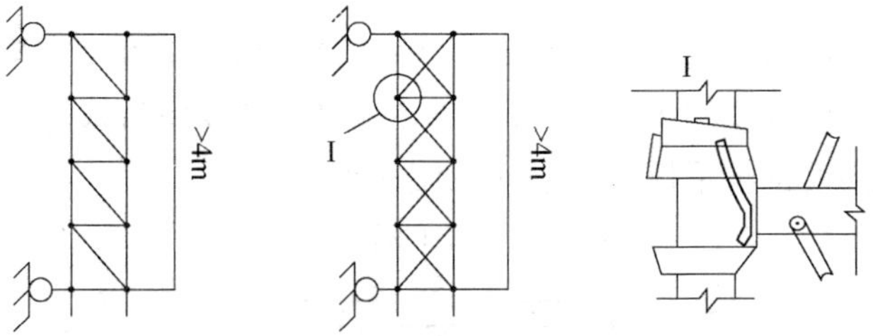


图 5-6　廊道斜杆及十字撑的设置

当脚手架高度超过 20m 时，上部 20m 以下的连墙件水平处必须设置水平斜杆，水平斜杆应设置在纵向横杆之下。

脚手板的设置应符合以下规定：

（1）钢脚手板的挂钩必须完全落在廊道横杆上，并带有自锁装置，严禁浮放；

（2）平放在横杆上的脚手板，必须与脚手架连接牢靠，可适当加设间横杆，脚手板探头长度应小于 150mm；

（3）作业层的脚手板框架外侧应设挡脚板及防护栏，护栏应采用二道横杆。

人行坡道坡度可为 1∶3，并在坡道脚手板下增设横杆，坡道可折线上升（见图 5-7）。

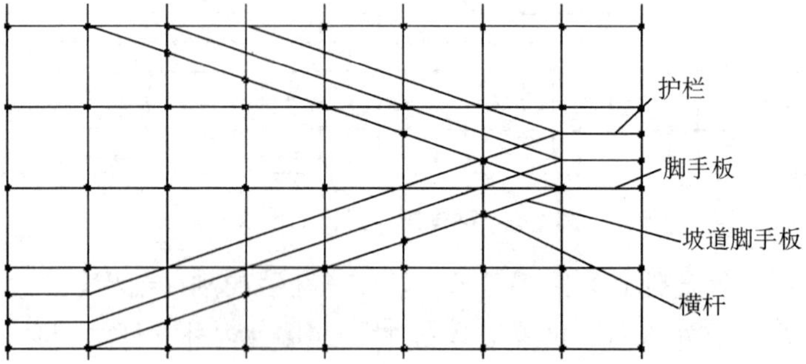


图 5-7　人行坡道的设置

人行梯架应设置在尺寸为 1.8m×1.8m 的脚手架框架内，梯子宽度为廊道宽度的 1/2，梯架可在一个框架高度内折线上升。梯架拐弯处应设置脚手板及扶手（见图 5-8）。

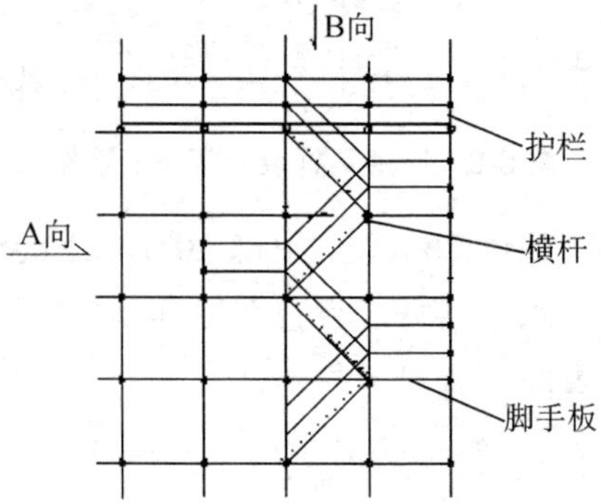


图 5-8　人行梯架的设置

脚手架上的扩展作业平台挑梁宜设置在靠建筑物的一侧，按脚手架离建筑物的间距及荷载选用窄挑梁或宽挑梁。宽挑梁可铺设两块脚手板，宽挑梁上的立杆应通过横杆与脚手架连接（见图5-9）。

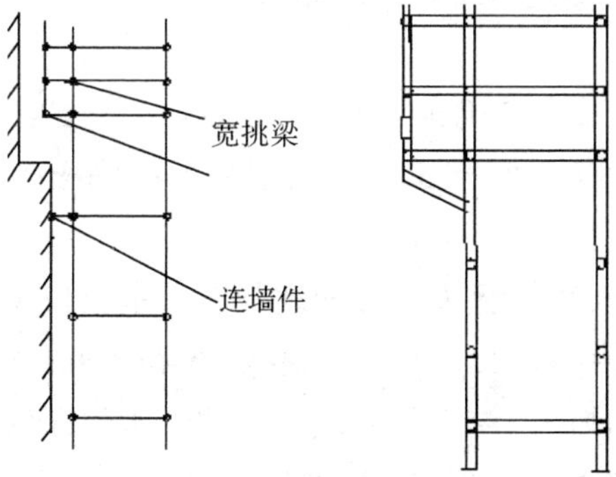


**图 5-9　扩展作业平台**

# 第三节　模板支撑架

模板支撑架应根据施工荷载组配横杆选择步距，根据支撑高度选择组配立杆、可调托撑及可调底座。模板支撑架高度超过 4m 时，应在四周拐角处设置专用斜杆或四面设置八字斜杆，并在每排每列设置一组通高十字撑或专用斜杆。模板支撑架高宽比不得超过 3，否则应扩大下部架体尺寸，或者按有关规定验算，采取设置缆风绳等加固措施。

房屋建筑模板支撑架可采用立杆支撑楼板、横杆支撑梁的梁板合支方法。当梁的荷载超过横杆的设计承载力时，可采取独立支撑的方法，并与楼板支撑连成一体。

# 第四节 碗扣式钢管脚手架搭设验收及拆除

## 一、碗扣式钢管脚手架搭设

底座和垫板应准确地放置在定位线上；垫板宜采用长度不少于 2 跨，厚度不小于 50mm 的木垫板；底座的轴心线应与地面垂直。

脚手架搭设应在已处理好的地基或基垫上按设计位置安放立杆垫座或可调底座，其上交错安装 3.0m 和 1.8m 长立杆，调整立杆可调底座，使同一层立杆接头处于同一水平面内，以便安装横杆。按立杆、横杆、斜杆、连墙件的顺序逐层搭设，每次上升高度不大于 3m。底层水平框架的纵向直线度应≤$L$/200；横杆间水平度应≤$L$/400。

其中立杆同横杆、斜杆的连接装置，应确保接头锁紧。搭设时，先将上碗扣搁置在限位销上，将横杆、斜杆等接头插入下碗扣，使接头弧面与立杆密贴，待全部接头插入后，将上碗扣套下，并用榔头顺时针沿切线敲击上碗扣凸头，直至上碗扣被限位销卡紧不再转动为止。如发现上碗扣扣不紧，或限位销不能进入上碗扣螺旋面，应检查立杆与横杆是否垂直，相邻的两个碗扣是否在同一水平面上（即横杆水平度是否符合要求）；下碗扣与立杆的同轴度是否符合要求；下碗扣的水平面同立杆轴线的垂直度是否符合要求；横杆接头与横杆是否变形；横杆接头的弧面中心线同横杆轴线是否垂直；下碗扣内有无砂浆等杂物充填等；发现以上不符合要求的情况时，如是装配的原因，则应调整后锁紧；如是杆件本身的原因，则应拆除。

脚手架的搭设应分阶段进行，第一阶段的撂底高度一般为6m，脚手架搭设以3～4人为一小组为宜，其中1～2人递料，另外两人共同配合搭设，每人负责一端。搭设时，要求至多两层向同一方向，或中间向两边推进，不得从两边向中间合拢搭设，否则中间杆件会因两个架子刚度太大而难以安装。搭设后必须经检查验收后方可正式投入使用。脚手架的搭设应与建筑物的施工高度同步上升，每次搭设高度必须高于即将施工楼层1.5m。

脚手架全高的垂直度应小于 *L*/500；最大允许偏差应小于100mm。脚手架内外侧加挑梁时，挑梁范围内只允许承受人行荷载，严禁堆放物料。

连墙件必须随架子高度的上升及时在规定位置处设置，严禁随意拆除。

必须满铺脚手板，外侧应设挡脚板及护身栏杆；护身栏杆可用横杆在立杆的0.6m和1.2m的碗扣接头处搭设两道；作业层下的水平安全网应按《施工安全网技术规范》中的规定设置。

采用钢管扣件作加固件、连墙件、斜撑时应符合《建筑施工扣件式钢管脚手架安全技术规范》（JGJ 130—2011）的有关规定。

## 二、碗扣式钢管脚手架验收和检查

脚手架搭设到顶时，应组织技术、安全、施工人员对整个架体结构进行全面的检查和验收，及时解决存在的结构缺陷。

脚手架搭设质量应按阶段进行检验：

（1）首段以高度为6m进行第一阶段（撂底阶段）的检查与验收。

（2）架体应随施工进度定期进行检查；达到设计高度后进行全面的检查与验收。

（3）遇6级以上大风、大雨、大雪等特殊情况后的检查。

（4）停工超过一个月恢复使用前。

对整体脚手架应重点检查以下内容：

（1）首段以高度为6m时进行的检查与验收；

（2）基础是否有不均匀沉降，立杆底座与基础面的接触有无松动或悬空情况；

（3）立杆上碗扣是否可靠锁紧；

（4）立杆连接销是否安装、斜杆扣接点是否符合要求、扣件拧紧程度；

（5）搭设高度在20m以下（含20m）的脚手架，应由项目负责人组织技术、安全及监理人员进行验收；对于高度超过20m的脚手架，超高、超重、大跨度的模板支撑架，应由其上级安全生产主管部门负责人组织架体设计及监理等人员进行检查验收。

脚手架验收时，应具备以下技术文件：

（1）施工组织设计及变更文件；

（2）高度超过20m的脚手架的专项施工设计方案；

（3）周转使用的脚手架构配件使用前的复验合格记录；

（4）搭设的施工记录和质量检查记录；

（5）高度大于8m的模板支撑架的检查与验收要求与脚手架相同。

## 三、碗扣式钢管脚手架的拆除

碗扣式钢管脚手架在拆除前应全面检查脚手架的连接、支撑体系等是否符合构造要求，按技术管理程序批准后方可实施拆除作业。脚手架拆除前现场工程技术人员应对在岗操作工人进行有针对性的安全技术交底，脚手架拆除时必须划出安全区，设置警戒标志，派专人看管。应按以下要求进行：

（1）拆除前应清理脚手架上的器具及多余的材料和杂物；

（2）拆除作业应从顶层开始，逐层向下进行，严禁上下层同时拆除；

（3）连墙件必须拆到该层时方可拆除，严禁提前拆除；

（4）拆除的构、配件应束成捆用起重设备吊运或人工传递到地面，严禁抛掷；

（5）脚手架采取分段、分立面拆除时，必须事先确定分界处的技术处理方案；

（6）拆除的构、配件应分类堆放，以便于运输、维护和保管。

## 四、模板支撑架的搭设与拆除

模板支撑架搭设应与模板施工相配合，利用可调底座或可调托撑调整底模标高。按施工方案弹线定位，放置可调底座后分别按先立杆后横杆再斜杆的搭设顺序进行。建筑楼板多层连续施工时，应保证上下层支撑立杆在同一轴线上。搭设在结构的楼板、挑台上时，应对楼板或挑台等结构承载力进行验算。模板支撑架拆除应符合《混凝土结构工程施工质量验收规范》（GB 50204—2015）中混凝土强度的有关规定。架体拆除时应按施工方案设计的拆除顺序进行。

# 第六章　承插型盘扣式钢管支架

## 第一节　承插型盘扣式钢管支架主要构、配件材质及制作要求

盘扣节点由焊接于立杆上的连接盘、水平杆杆端扣接头和斜杆杆端扣接头组成（见图 6-1）。

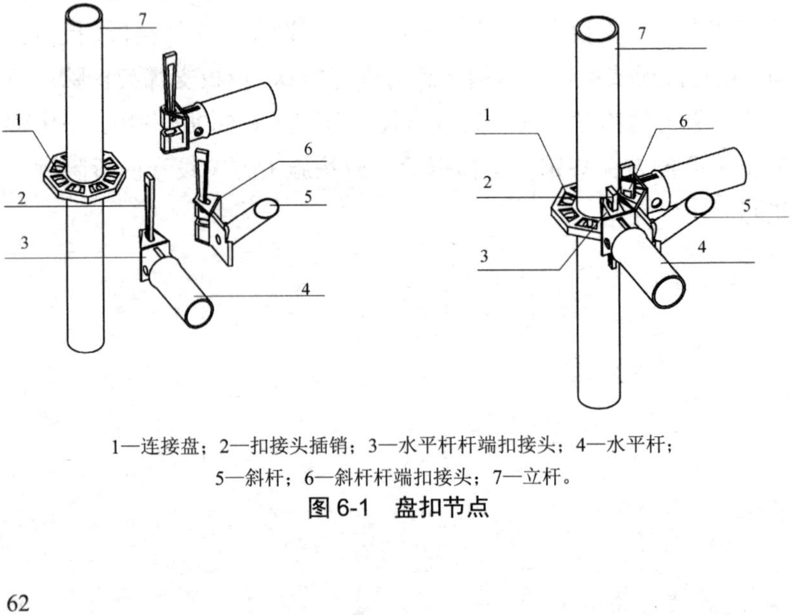


1—连接盘；2—扣接头插销；3—水平杆杆端扣接头；4—水平杆；
5—斜杆；6—斜杆杆端扣接头；7—立杆。

**图 6-1　盘扣节点**

水平杆和斜杆杆端扣接头与连接盘的插销连接应具有可靠防滑脱构造措施。

立杆盘扣节点宜按 0.5m 模数设置。

主要构配件种类、规格宜符合以下相关标准的要求。

## 一、材质要求

承插型盘扣式钢管支架的构配件除有特殊要求外，其材质应符合《低合金高强度结构钢》（GB/T 1591—2018）《碳素结构钢》（GB/T 700—2006）以及《一般工程用铸造碳钢件》（GB/T 11352—2009）的规定，各类支架主要构、配件材质应符合表 6-1 的规定。

**表 6-1　承插型盘扣式钢管支架主要构、配件材质**

| 立杆 | 水平杆 | 竖向斜杆 | 水平斜杆 | 扣接头 | 连接套管 | 可调底座、可调托座 | 可调螺母 | 连接盘、插销 |
| --- | --- | --- | --- | --- | --- | --- | --- | --- |
| Q345A | Q235B | Q195 | Q235B | ZG 230—450 | ZG 230—450 或 20 号无缝钢管 | Q235B | ZG 270—500 | ZG 230—450 或 Q235B |

钢管外径允许偏差应符合表 6-2 的规定，钢管壁厚允许偏差±0.1mm。

**表 6-2　钢管外径允许偏差**　　单位：mm

| 外径 $D$ | 外径允许偏差 |
| --- | --- |
| 33，38，42，48 | +0.2<br>−0.1 |
| 60 | +0.3<br>−0.1 |

连接盘、扣接头、插销以及可调螺母的调节手柄采用碳素铸钢

制造时，其材料机械性能不得低于《一般工程用铸造碳钢件》（GB/T 11352—2009）中牌号为 ZG 230—450 的屈服强度、抗拉强度、伸长率的要求。铸钢制作的连接盘的厚度不得小于 8mm，钢板冲压制作的连接盘厚度不得小于 10mm，允许尺寸偏差±0.5mm。

## 二、制作要求

杆件焊接制作应在专用工装上进行，各焊接部位应牢固可靠。焊丝宜采用符合《气体保护电弧焊用碳钢、低合金钢焊丝》（GB/ T 8110—2008）中气体保护电弧焊用碳钢、低合金钢焊丝的要求，有效焊缝高度不应小于 3.5mm。

楔形插销的斜度应满足揳入连接盘后能自锁，厚度不应小于 8mm，尺寸允许偏差±0.1mm。

立杆连接套管有铸钢套管和无缝钢管套管两种形式。对于铸钢套管形式，立杆连接套长度不应小于 90mm，外伸长度不应小于 75mm；对于无缝钢管套管形式，立杆连接套长度不应小于 160mm，外伸长度不应小于 110mm。套管内径与立杆钢管外径间隙不应大于 2mm。

立杆与立杆连接套管应设置固定立杆连接件的防拔出销孔，承插型盘扣式钢管支架销孔为 $\Phi$14mm，立杆连接件直径宜为 12mm，允许尺寸偏差为±0.1mm。

构配件外观质量应符合以下要求：

（1）钢管应无裂纹、凹陷、锈蚀，不得采用接长钢管。

（2）钢管应平直，直线度允许偏差为管长的 1/500，两端面应平整，不得有斜口、毛刺。

（3）铸件表面应光整，不得有砂眼、缩孔、裂纹、浇冒口残余等缺陷，表面粘砂应清除干净。

（4）冲压件不得有毛刺、裂纹、氧化皮等缺陷。

（5）各焊缝的有效焊缝高度应符合国家的相关规定，且焊缝应饱满，焊药应清除干净，不得有未焊透、夹砂、咬肉、裂纹等缺陷。

（6）可调底座和可调托座的螺牙宜采用梯形牙，A 型管宜配置 $\Phi$48mm 丝杆和调节手柄、B 型管宜配置 $\Phi$38mm 丝杆和调节手柄，丝杆直径不得小于 36mm。可调底座和可调托座的表面应镀锌，镀锌表面应光滑，在连接处不得有毛刺、滴瘤和多余结块。

（7）架体杆件及构配件表面应镀锌或涂刷防锈漆，涂层应均匀、牢固。

（8）主要构、配件上的生产厂标识应清晰。

可调底座及可调托座丝杆与螺母旋合长度不得小于 4 牙。

## 第二节 模板支架

### 一、模板支架的构造

模板支架应根据施工方案计算得出的立杆排架尺寸选用定长的水平杆，并应根据支撑高度组合套插的立杆段、可调托座和可调底座。

当搭设高度不超过 8m 的满堂模板支架时，支架架体四周外立面向内的第一跨每层均应设置竖向斜杆，架体整体底层以及顶层均应设置竖向斜杆，并应在架体内部区域每隔 5 跨由底至顶纵、横向均设置竖向斜杆（见图 6-2）或采用扣件钢管搭设的大剪刀撑（见图 6-3）。当满堂模板支架的架体高度不超过 4 节段立杆时，可不设置顶层水平斜杆；当架体高度超过 4 节段立杆时，应设置顶层水平斜杆或扣件钢管水平剪刀撑。

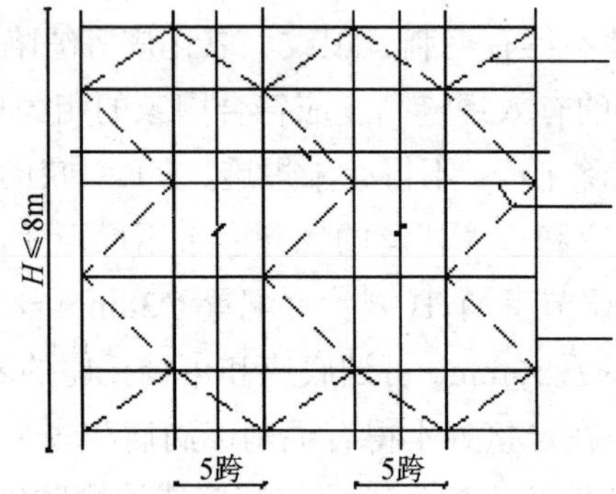


**图 6-2　满堂模板支架高度不大于 8m 斜杆设置**

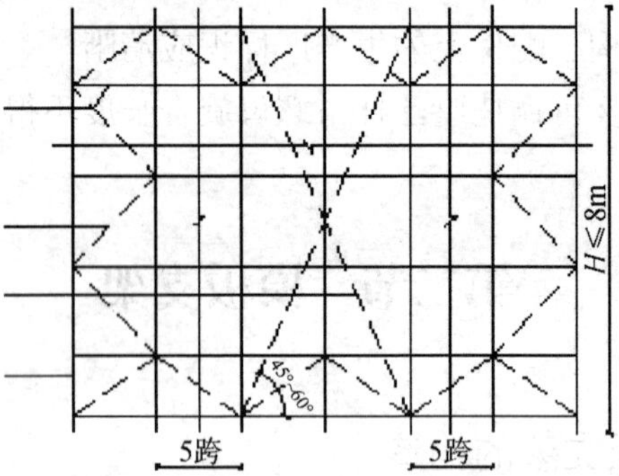


**图 6-3　满堂模板支架高度不大于 8m 剪刀撑设置**

当搭设高度超过 8m 的满堂模板支架时，竖向斜杆应满布设置，水平杆的步距不得大于 1.5m，沿高度每隔 4～6 个节段立杆应设置水平层斜杆（见图 6-4）或扣件钢管大剪刀撑，并应与周边结构形成可靠拉结。对长条状的独立高支模架，架体总高度与架体的宽度之比 *H*/*B* 不应大于 3（见图 6-5）。

当模板支架搭设成独立支模方塔架时，每个侧面每步距均应设竖向斜杆。当有防扭转要求时，可在顶层及每隔 3～4 步增设水平层斜杆或钢管水平剪刀撑（见图 6-6）。

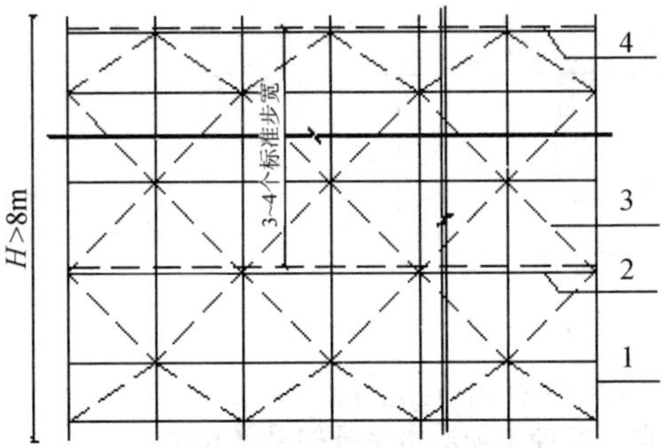


1—立杆；2—水平杆；3—斜杆；
4—水平层斜杆或大剪刀撑。

**图 6-4　满堂模板支架高度大于 8m 时水平层斜杆设置**

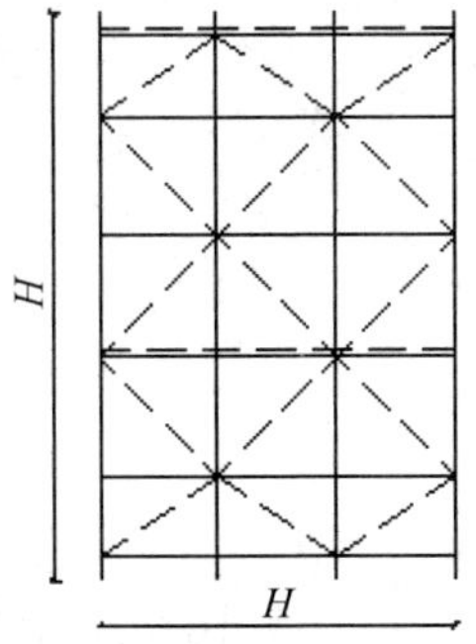


**图 6-5　长条状独立高支模架的高宽比**

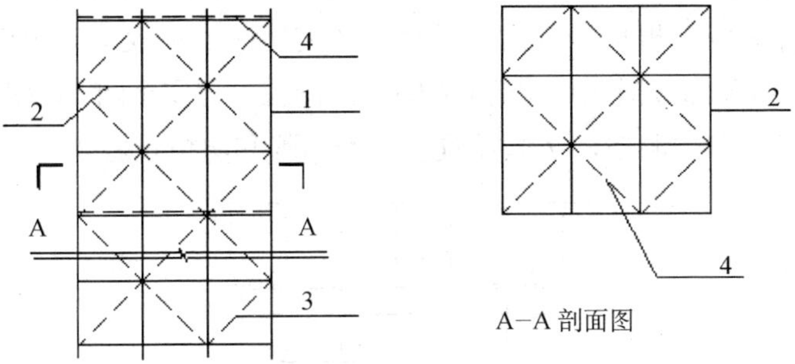


1—立杆；2—水平杆；3—斜杆；4—水平层斜杆。

**图 6-6　独立支模方塔架**

模板支架立杆可调托座的伸出顶层水平杆的悬臂长度严禁超过 650mm（见图 6-7），可调托座插入立杆长度不得小于 150mm；架体最顶层的水平杆步距应比标准步距缩小一个盘扣的间距。

模板支架应设置扫地水平杆，可调底座调节螺母离地高度不得大于 300mm，扫地水平杆离地高度应小于 550mm。当可调底座调节螺母离地高度不大于 200mm 时，第一层步距可按照标准步距设置，且应设置竖向斜杆，并可间隔抽除第一层水平杆形成施工人员进入通道，与通道正交的两侧立杆间应设置竖向斜杆。

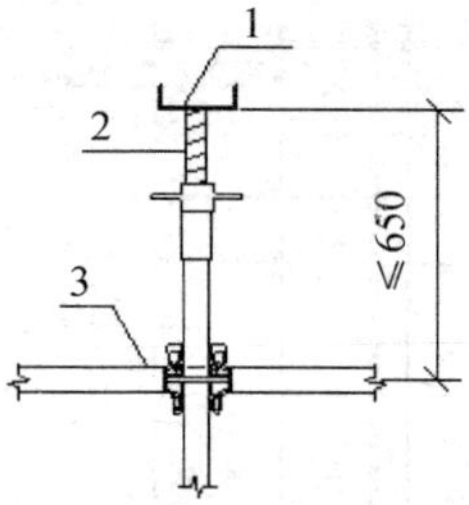


1—可调托座；2—立杆悬臂端；3—顶层水平杆。

**图 6-7　立杆带可调托座伸出顶层水平杆的悬臂长度**

模板支架应与周围已建成的结构进行可靠连接。

当模板支架体内设置人行通道时，应在通道上部架设支撑横梁，横梁截面大小应按跨度以及承受的荷载确定。通道两侧支撑梁的立杆间距应根据计算结果设置，通道周围的模板支架应连成整体。洞口顶部应铺设封闭的防护板，两侧应设置安全网（见图 6-8）。通行机动车的洞口，必须设置安全警示牌和防撞设施。

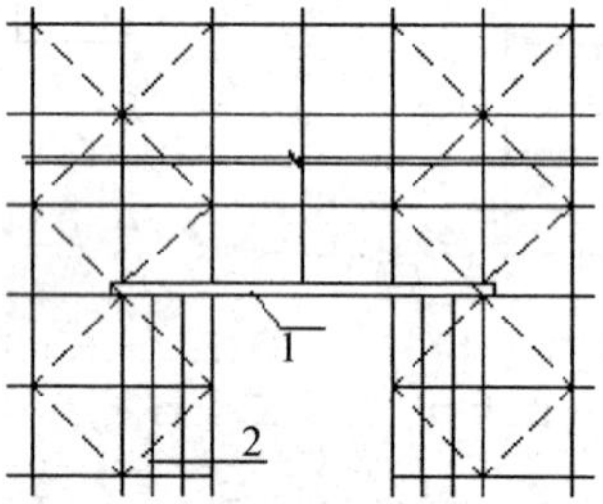


1—支撑横梁；2—立杆加密。

**图 6-8　模板支架人行通道设置图**

## 二、模板支架的搭设和拆除

模板支架的搭设和拆除应遵守以下规定：

（1）模板支架立杆搭设的位置应按专项施工方案放线确定。

（2）模板支架搭设应根据立杆的位置放置可调底座，然后按先立杆后水平杆再斜杆的顺序搭设，形成基本的架体单元，应以此扩展搭设成整体支架体系。

（3）可调底座和垫板应准确放置在定位线上，并保持水平。垫板应平整、无翘曲，不得采用已开裂的垫板。

（4）立杆应通过立杆连接套管连接，在同一水平高度内相邻立杆连接套管接头的位置应错开，错开高度不宜小于 75mm。模板支架高度大于 8m 时，错开高度不宜小于 50mm。

（5）水平杆扣接头与连接盘的插销应用铁锤击紧，插销应插至规定深度的刻度线。

（6）每搭完一步模板支架后，应及时校正水平杆步距，立杆的纵、横距，立杆的垂直偏差和水平杆的水平偏差。立杆的垂直偏差不应大于模板支架总高度的 1/500，且不得大于 50mm。

（7）在多层楼板上连续设置模板支架时，应保证上下层支撑立杆在同一轴线上。

（8）混凝土浇筑前施工管理人员应组织对搭设的支架进行验收，并应在确认符合专项施工方案要求后浇筑混凝土。

（9）拆除作业应按先搭的后拆，后搭的先拆的原则，从顶层开始，逐层向下进行，严禁上下层同时拆除，严禁抛掷。

（10）分段、分立面拆除时，应确定分界处的技术处理方案，并应保证分段后架体稳定。

## 第三节　双排承插型盘扣式脚手架构造要求

（1）用承插型盘扣式钢管支架搭设双排脚手架时，可根据使用要求选择架体几何尺寸，相邻水平杆步距宜选用 2m，立杆纵距宜选用 1.5 m 或 1.8 m，且不宜大于 3m，立杆横距宜选用 0.9m 或

1.2m。

（2）脚手架首层立杆应采用不同长度的立杆交错布置，错开立杆竖向距离不应小于 500mm，当需要设置人行通道时，应符合相关规范的规定，立杆底部应配置可调底座。

（3）承插型盘扣式脚手架由塔式单元扩大组合而成，当拐角为直角部位时，应设置立杆间的竖向斜杆。当作为外脚手架使用时，通道内可不设置斜杆。

（4）当设置双排脚手架人行通道时，应在通道上部架设支撑横梁，横梁截面大小应按跨度以及承受的荷载计算确定，通道两侧脚手架应加设斜杆；洞口顶部应铺设封闭的防护板，两侧应设置安全网；通行机动车的洞口，必须设置安全警示和防撞设施。

（5）双排脚手架的每步水平杆层，当无挂扣钢脚手架板加强水平层刚度时，应每 5 跨设置水平斜杆（见图 6-9）。

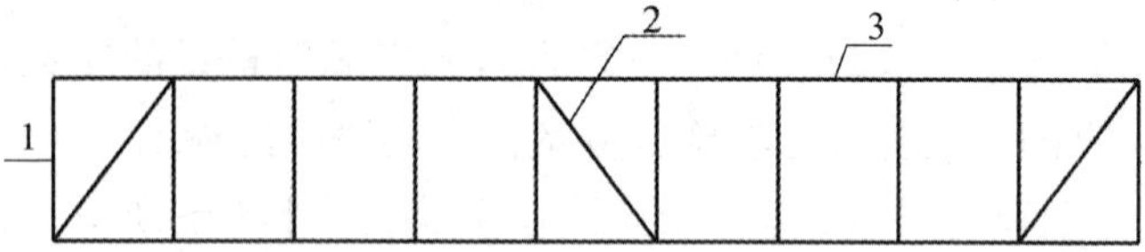


1—立杆；2—水平斜杆；3—水平杆。

**图 6-9　双排承插型盘扣式脚手架水平斜杆设置**

（6）连墙件的设置应符合以下规定：

1）连墙件必须采用可承受拉压荷载的刚性杆件，连墙件与脚手架立面及墙体应保持垂直，同一层连墙件应在同一平面，水平间距不应大于 3 跨；

2）连墙件应设置在有水平杆的盘扣节点旁，连接点至盘扣节点距离不得大于 300mm；采用钢管扣件做连墙杆时，连墙杆应采用直角扣件与立杆连接；

3）当脚手架下部暂不能搭设连墙件时，应用扣件钢管搭设抛撑。抛撑杆应与脚手架通长杆件可靠连接，与地面的倾角在 45°～60°，抛撑杆在连墙件搭设后方可拆除。

（7）脚手板设置应符合以下规定：

1）钢脚手板的挂钩必须完全扣在水平杆上，挂钩必须处于锁住状态，作业层脚手板应满铺；

2）作业层的脚手板架体外侧应设挡脚板和防护栏，防护栏高度宜为 1 000mm，均匀设置在两道，并应在脚手架外侧立面满挂密目安全网。

（8）挂扣式钢梯宜设置在尺寸不小于 0.9m×1.8m 的脚手架框架内，钢梯宽度应为廊道宽度的 1/2，钢梯可在一个框架高度内折线上升；钢架拐弯处应设置钢脚手板及扶手。

## 第四节　承插型盘扣式脚手架搭设验收及拆除

### 一、双排脚手架的搭设

（1）承插型盘扣式脚手架的搭设高度不宜大于 24m。

（2）脚手架立杆应定位准确，并应配合施工进度搭设，一次搭设高度不应超过相邻连墙件 2 步。

（3）连墙件应随脚手架的高度在规定位置设置，不得任意拆除。

（4）作业层设置应符合下列要求：

1）应满铺脚手架；

2）外侧应设挡脚板和防护栏杆，防护栏杆可在每层作业面立杆的 0.5m 和 1.0m 的盘扣节点处布置上、中两道水平杆，并应在外侧满挂密目安全网；

3）作业层与主体结构间的空隙应设置内侧防护网。

（5）加固体、斜杆应与脚手架同步搭设。采用扣件钢管做加固体、斜撑时应符合《建筑施工扣件式钢管脚手架安全技术规范》（JGJ 130—2011）的有关规定。

（6）当脚手架搭设顶层时，外侧防护栏杆高出顶层作业层的高度不应小于 1.5m。

（7）当搭设悬挑外脚手架时，立杆的套管连接接长部位应采用螺栓作为立杆连接件固定。

（8）脚手架可分段搭设、分段使用，应由施工管理人员组织验收，并应在确认符合设计方案要求后使用。

## 二、双排外脚手架拆除

（1）脚手架应在单位工程负责人确认并签署拆除许可令后拆除。

（2）脚手架拆除时应划出安全区，设置警戒标志，派专人看管。

（3）拆除前应清理脚手架上的器皿、多余的材料和杂物。

（4）脚手架拆除应按先装的后拆、后装的先拆的原则进行，严禁上下同时作业。连墙件应随脚手架逐层拆除，分段拆除的高度差不应大于 2 步。如因作业条件限制，出现高度差大于 2 步时，应增设连墙件加固。

## 三、模板支架、双排外脚手架的检查与验收

（1）对进入现场的钢管支架构、配件的检查与验收应符合以下规定：

1）应有钢管支架产品标识及产品质量合格证；

2）应有钢管支架产品主要技术参数及产品使用说明书；

3）当对支架质量有疑问时，应进行质量抽检和试验。

（2）模板支架应根据以下情况按进度分阶段进行检查和验收：

1）基础完工后及模板支架搭设前；

2）超过 8m 的高支模架搭设至一半高度后；

3）搭设高度达到设计高度后和混凝土浇筑前。

（3）双排外脚手架应根据以下情况分阶段进行检查和验收：

1）基础完工后及脚手架搭设前；

2）首段高度达到 6m 时；

3）架体随施工进度逐层升高时；

4）搭设高度达到设计高度后。

（4）对模板支架应重点检查和验收以下内容：

1）基础应符合设计要求，并应平整坚实，立杆与基础间应无松动、悬空现象，底座、支垫应符合规定；

2）搭设的架体三维尺寸应符合设计要求，搭设方法和斜杆、钢管剪刀撑等设置应符合规定；

3）可调托座和可调底座伸出水平杆的悬臂长度应符合设计限定要求；

4）水平杆扣接头与立杆连接盘的插销应击紧至所需插入深度的标志刻度。

（5）对双排外脚手架应重点检查和验收以下内容：

1）搭设的架体三维尺寸应符合设计要求，斜杆和钢管剪刀撑设置应符合规程的规定；

2）立杆基础不应有不均匀沉降，立杆可调底座与基础面的接触不应有松动和悬空现象；

3）连墙件设置应符合设计要求，应与主体结构、架体可靠连接；

4）外侧安全立网、内侧层间水平网的张挂及防护栏杆的设置应齐全、牢固；

5）周转使用的支架构、配件在使用前应做外观检查，并应做好记录；

6）搭设的施工记录和质量检查记录应及时、齐全。

# 第七章　门式钢管脚手架

## 第一节　门式钢管脚手架构、配件材料及制作质量要求

钢管脚手架中门架与配件的钢管应采用《直缝电焊钢管》（GB/T 13793—2016）或《低压流体输送用焊接钢管》（GB/T 3091—2008）中规定的普通钢管，其材质应符合《碳素结构钢》（GB/T 700—2006）中 Q235 级钢的规定。门架与配件的性能、质量及型号的表述方法应符合《门式钢管脚手架》（JG 13—1999）的相关规定。门式钢管脚手架的搭设高度，当两层同时作业的施工总荷载不超过 $3kN/m^2$ 时，可以搭设 60m 高；当施工总荷载为 $3\sim5kN/m^2$ 时，则应限制在 45m 以下。

### 一、门式钢管脚手架构、配件

门式钢管脚手架是由门式框架（门架）、交叉支撑（十字拉杆）、连接棒、挂扣式脚手板或水平架（平行架、平架）、锁臂等组成基本结构（见图 7-1），再设置水平加固杆、剪刀撑、扫地杆、封口杆、托座与底座，并采取连墙件与建筑物主体结构相连的一种标准化

钢管脚手架（见图 7-2）。

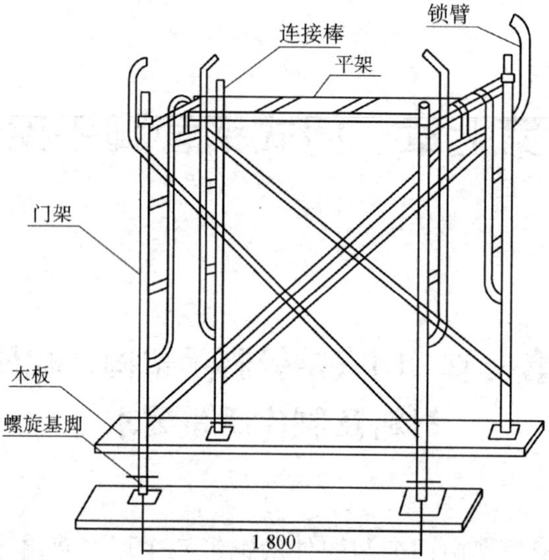


**图 7-1　门式钢管脚手架的底部构造**

在垂直方向使用连接棒和锁臂接高，在脚手架纵向使用交叉支撑连接门架立杆，在架顶水平面使用水平架（平行架支架）或挂扣式脚手板。这些基本单元相互连接，逐层叠高，左右伸展，再设置水平加固件、剪刀撑及连墙件等，便构成了整体的门式钢管脚手架。

（一）门架

门式钢管脚手架的主要构建由立杆、横杆及加强杆焊接组成，有多种形式（见图 7-3）。其中，带“耳”形加强杆的形式已得到广泛应用，成为门式钢管脚手架的典型形式，主要用于构成脚手架的基本单元。典型的标准门架的宽度为 1.219m，高度有 1.9m 和 1.7m。门架的重量，当使用高强薄壁钢管时为 13～16kg；使用普通钢管时为 20～25kg，典型的标准门架的几何尺寸及杆件规格见表 7-1。

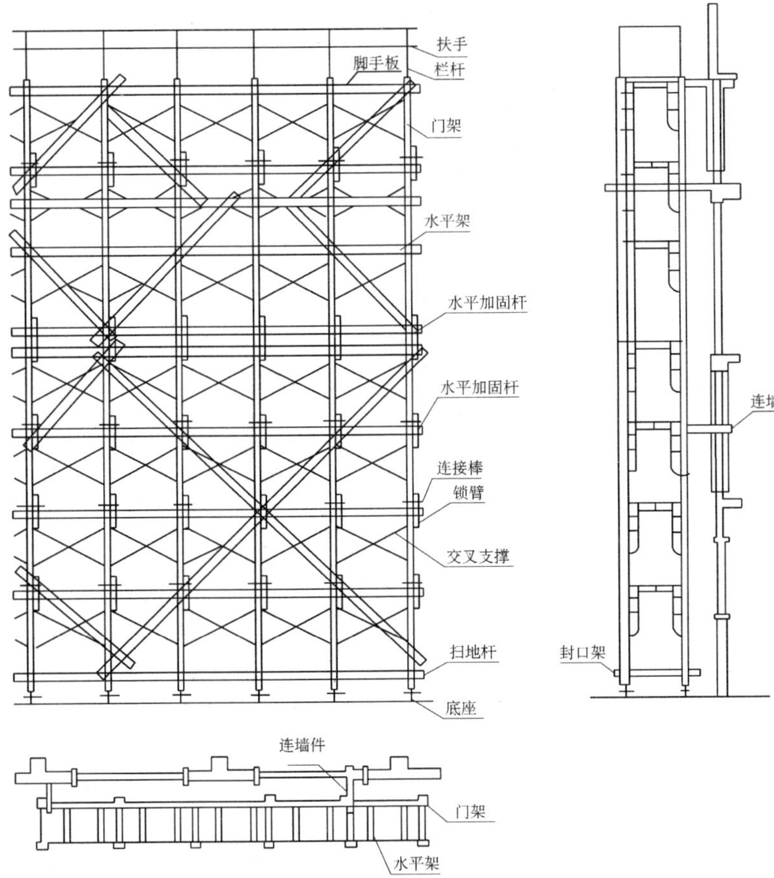


图 7-2　门式钢管脚手架的整体构造

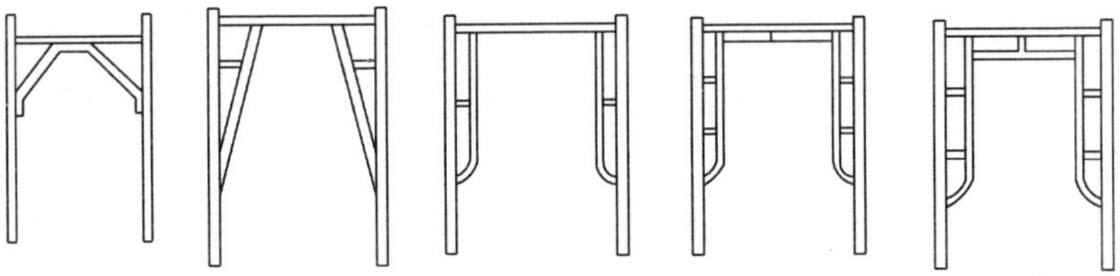

图 7-3 门式钢管脚手架的多种形式

**表 7-1 典型的标准门架的几何尺寸及杆件规格**

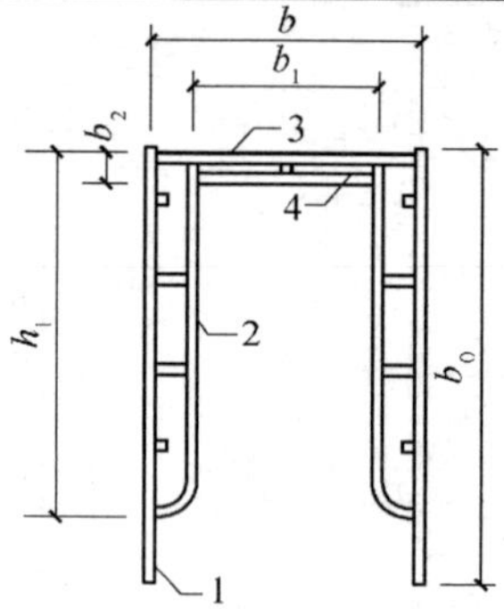


1—立杆；
2—立杆加强杆；
3—横杆；
4—横杆加强杆。

| 门架代号 | | MF1219 | |
|---|---|---|---|
| 门架几何尺寸/mm | $b_2$ | 80 | 100 |
| | $b_0$ | 1 930 | 1 900 |
| | $b$ | 1 219 | 1 200 |
| | $b_1$ | 750 | 800 |
| | $h_1$ | 1 536 | 1 550 |
| 杆件外径壁厚/mm | 1 | $\Phi$42.0×2.5 | $\Phi$48.0×3.5 |
| | 2 | $\Phi$26.8×2.5 | $\Phi$26.8×2.5 |
| | 3 | $\Phi$42.0×2.5 | $\Phi$48.0×3.5 |
| | 4 | $\Phi$26.8×2.5 | $\Phi$26.8×2.5 |

简易门架的宽度较窄，用于窄脚手板。简易门架的宽度只有 0.61m 或 0.762m，高度为 1.7m［见图 7-4（b）］，主要用于安装、抹灰等轻作业。

调节门架主要用于调节门架竖向高度，以适应作业层高度变化时的需要。调节门架的宽度和门架相同，高度有 1.5m、1.2m、0.9m、0.6m、0.4m 等几种，它们的形式见图 7-4（c）。

连接门架是连接上、下宽度不同门架之间的过渡门架。上窄下宽或上宽下窄，并带有斜支杆的悬臂支撑部分［见图 7-4（d）］。可以上部宽度与窄形门架相同，下部宽度与标准门架相同，也可以相反（见图 7-5）。

扶梯门架可兼做施工人员上下的扶梯［见图 7-4（e）］。

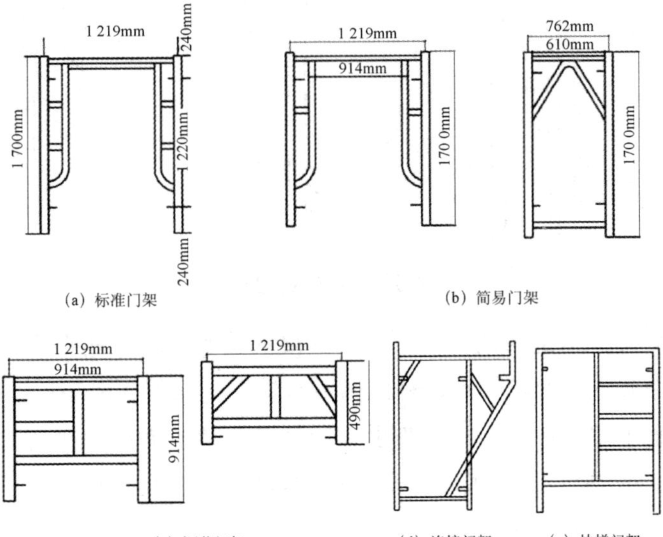


（a）标准门架　（b）简易门架

（c）调节门架　（d）连接门架　（e）扶梯门架

**图 7-4　基本单元部件**

## （二）门架配件

门式钢管脚手架的其他构件包括：交叉支撑、水平架、挂扣脚手板、连接棒、锁臂、底座和托座等。

### 1. 交叉支撑和水平架

交叉支撑和水平架的规格根据门架的间距来选择，一般多采用 1.8m。

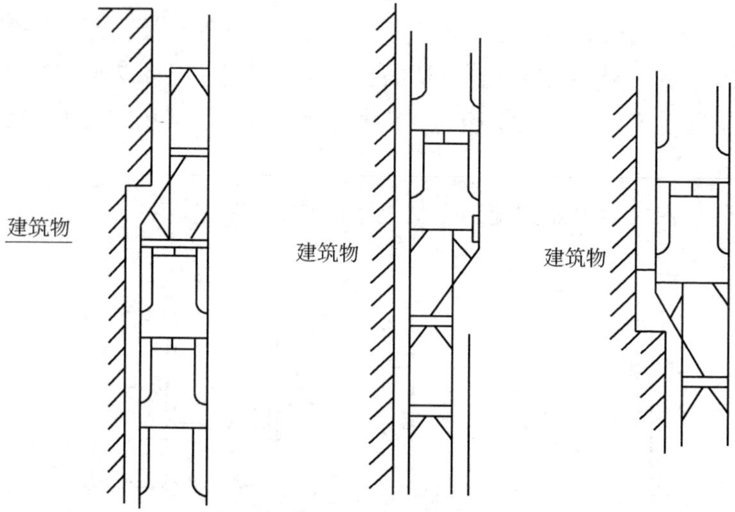


**图 7-5　门架的连接过渡**

交叉支撑是每两榀门架纵向连接的交叉拉杆。两根交叉杆件可绕中间连接螺栓转动，杆的两端有销孔［见图 7-6（a)］。

水平架是在脚手架非作业层上代替脚手板而挂扣在门架横杆上的水平构件，由横杆、短杆和搭钩焊接而成，可与门架横杆自锚连接。构造见图 7-6（b)。

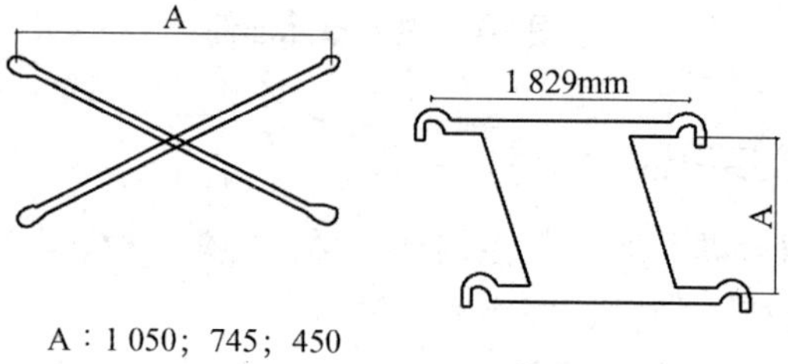


(a) 交叉支撑　　(b) 水平架

**图 7-6　交叉支撑和水平架**

**2. 底座和托座**

（1）底座

底座门架立杆下端插放其中，传力给基础，扩大了立杆的底脚。底座有三种（见图 7-7）。

可调底座由螺杆、调节扳手和底板组成。用于固定底座，并且可以调节脚手架的高度和脚手架整体的水平度、垂直度，可调高 200～500mm，主要用于支模架以适应不同支模高度的需要，脱模时可以方便地将架子降下来。用于外脚手架时，能适应不平的地面，可用其将各门架顶部调节到同一水平面上［见图 7-7（a)］。

简易底座由底板和套管两部分焊接而成，只起到支撑作用，无调高功能，使用它时要求地面平整［见图 7-7（b)］。

带脚轮底座多用于操作平台，以满足施工时移动的需要［见图 7-7（c)］。

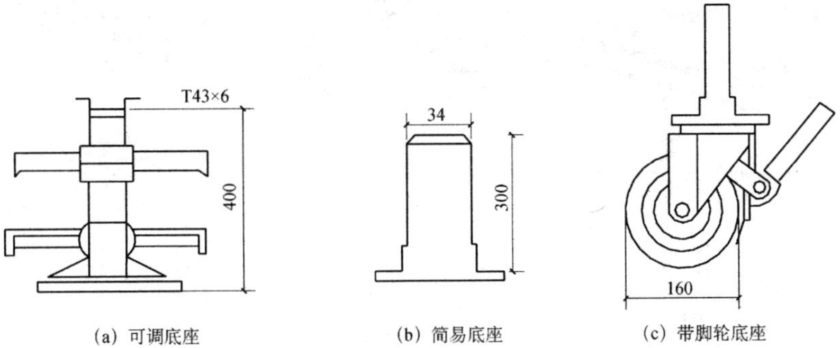


**图 7-7　底座**

（2）托座

托座有平板和 U 形两种，置于门架竖杆的上端，多带有红丝杠以调节高度，主要用于支架（见图 7-8）。

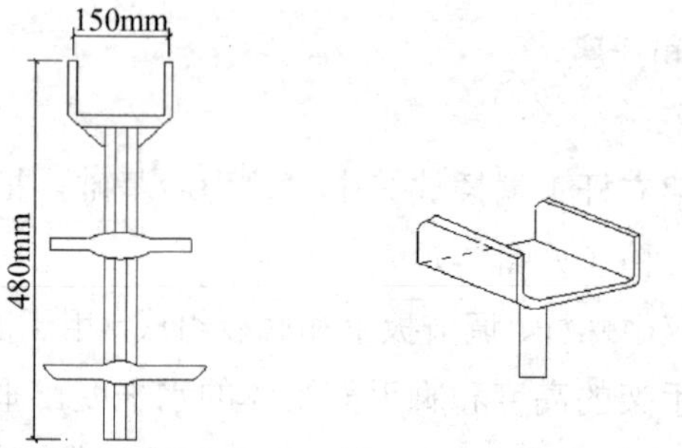


（a）调整U形顶托　　（b）简易U形顶托

**图 7-8　U 形托座**

（3）其他部件

其他部件有脚手板、梯子、扣墙管、栏杆、连接棒、锁臂和脚手板托架等（见图 7-9）。

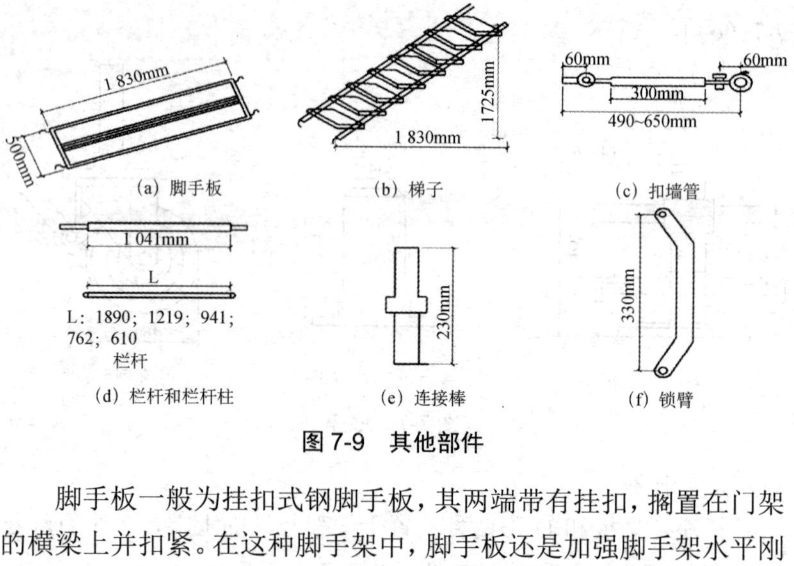


（a）脚手板　（b）梯子　（c）扣墙管　（d）栏杆和栏杆柱　（e）连接棒　（f）锁臂

**图 7-9　其他部件**

脚手板一般为挂扣式钢脚手板，其两端带有挂扣，搁置在门架的横梁上并扣紧。在这种脚手架中，脚手板还是加强脚手架水平刚度的主要构件，脚手架应每隔 3～5 层设置一层脚手板。

钢梯为设有踏步的斜梯，分别扣挂在上下两层门架的横梁上。

扣墙器和扣墙管都是确保脚手架整体稳定性的拉结件。扣墙器为花篮螺栓构造，一端带有扣件与门架竖管扣紧，另一端螺杆锚入墙中，旋紧花篮螺栓，即可把扣墙器拉紧。扣墙管为管式构造，一端的扣环与门架拉紧，另一端为埋墙螺栓或夹墙螺栓，锚入或夹紧墙壁。

托架分定长臂和伸缩臂两种，可伸出宽度 0.5～1.0m，以适应脚手架距墙面较远时的需要。

小桁架（栈桥架）用来构成通道。

连接扣件也分三种类型：回转扣、直角扣和筒扣，每一种类型又有不同的规格，以适应相同管径或不同管径杆件之间的连接。

## 二、门架及配件的制作质量要求

门架及其配件的规格、性能和质量应符合《建筑施工门式钢管脚手架安全技术规范》（JGJ 128—2010）的规定。新购门架及配件应有出厂合格证明与产品标志。周转使用的门架及其配件应按表 7-2 的规定进行类别判定、维修和使用。

### （一）门架及配件的外观焊接质量及表面涂层的要求

门架及配件的外观焊接质量及表面涂层的要求应符合表 7-2 的要求。

**表 7-2　门架及配件的外观焊接质量及表面涂层的要求**

| 项目 | 内容 | 要求 |
| --- | --- | --- |
| 外观要求 | 门架钢管 | 表面应无裂纹、凹陷、锈蚀，不得用接长钢管 |
| | 水平架、脚手板、钢梯的搭钩 | 应焊接或铆接牢固 |
| | 各杆件端头压扁部分 | 不得出现裂纹 |
| | 销钉孔、铆钉孔 | 应采用钻孔、不得使用冲孔 |

续表

| 项目 | 内容 | 要求 |
|---|---|---|
| 外观要求 | 脚手板、钢梯踏步 | 应有防滑功能 |
| 尺寸要求 | 门架及配件尺寸 | 必须按设计要求确定 |
| | 锁销直径 | 不应小于 13mm |
| | 交叉支撑销孔孔径 | 不得大于 16mm |
| | 连接棒、可调底座的螺杆及固定底座的插杆 | 插入门架立杆中的长度不得小于 95mm |
| | 挂扣式脚手板、钢梯踏步板 | 厚度不小于 1.2mm，搭钩厚度不应小于 7mm |
| 焊接要求 | 门架各杆件焊接 | 应采用手工电弧焊，若能保证焊接强度不降低，也可采用其他焊接方法 |
| | 门架立杆与横杆的焊接螺杆、插管与底板的焊接 | 必须采用周围焊接 |
| | 焊缝高度 | 不得小于 2mm |
| | 焊缝表面 | 应平整光滑，不得有漏焊、焊穿、裂缝和夹渣 |
| | 焊缝内气孔 | 气孔直径不应大于 1mm，每条焊缝内的气孔数量不得大于 2 个 |
| | 焊缝立体金属咬肉 | 咬肉深度不得超过 0.5mm，长度总和不应超过焊缝的 10% |
| 表面涂层要求 | 门架 | 宜采用镀锌处理 |
| | 连接棒、锁臂、可调底座、脚手板、水平架和钢梯的搭构 | 应采用表面镀锌处理，镀锌表面应光滑，连接处不得有毛刺、滴瘤和多余结块 |
| | 门架及其他未镀锌配件 | 不镀锌表面应刷涂、喷涂或浸涂防锈漆两道，面漆一道，也可采用磷化烤漆。油漆表面应均匀，无漏涂、流淌、脱皮、裂纹等缺陷 |

（二）连接钢管及扣件的质量要求

水平加固杆、封口杆、扫地杆、剪刀撑及脚手架转角处的连接杆等宜采用 $\Phi$42mm×2.5mm 焊接钢管，也可采用 $\Phi$48mm×3.5mm 焊接钢管。其材质在保证可焊性的条件下应符合《碳素结构钢》（GB/T 700—2006）中 Q235 钢的规定，相应的扣件规格也应分别为 $\Phi$42mm 或 $\Phi$48mm。

钢管应平直，平直度允许偏差为管长的 1/500；两端面应平整，不得有斜口、毛口；严禁使用有硬伤（硬弯、砸扁等）及严重锈蚀的钢管。门架立杆、横杆钢管壁厚的负偏差不应超过 0.2mm。钢管壁厚存在负偏差时，宜选用热镀锌钢管。

扣件的性能质量应符合《钢管脚手架扣件》（GB 15831—2006）的规定。

## 第二节　门式钢管脚手架构造要求

门式钢管脚手架的搭设应自一端延伸向另一端，由下而上按步架设，并逐层改变搭设方向，以减小架设误差。不得自两端同时向中间进行，以避免结合部位错位，难以连接。

脚手架的搭设速度应与建筑结构施工进度相配合，一次搭设高度不应超过最上层连墙件三步，或自由高度不大于 6m，以保证脚手架的稳定。

一般门式钢管脚手架的搭设顺序为铺设垫木（板）→拉线、安放底座→自一端起立门架并立即装交叉支撑（底部架还需安装扫地杆、封口杆）→安装水平架（或脚手板）→安装钢梯→（需要时，安装水平加固杆）→按照上述步骤逐层向上安装→在规定位置安装剪刀撑→装配顶部栏杆→挂安全网。

## 一、铺设垫木（板）、安放底座

脚手架的底座必须平整坚实，平铺底座、做好排水，确保地基有足够的承载能力，在脚手架荷载作用下不发生坍塌和显著的不均匀沉降。回填土地面必须分层回填，逐层夯实。

门架立杆下垫木的铺设方式：

当垫木长度为1.6～2.0m时，垫木宜垂直于墙面方向横铺。

当垫木长度为4.0m时，垫木宜平行于墙面方向顺铺。

## 二、立门架、安装交叉支撑、安装水平架或脚手板

在脚手架的一端将第一榀和第二榀门架立在4个底座上后，纵向立即用交叉支撑连接两榀门架的立杆，门架的内外两侧安装交叉支撑，在顶部水平面上安装水平架或挂扣式脚手板，搭成门式钢管脚手架的一个基本结构。以后每安装一榀门架，及时安装交叉支撑、水平架（或脚手板），依次按此顺序沿纵向逐榀安装搭设。在搭设第二层门架时，人就可以站在第一层脚手板上操作，直至最后完成。

搭设要求：

**1. 门架**

不同规格的门架不得混用；同一脚手架工程，不配套的门架与配件也不得混合使用。

上、下榀门架立杆应在同一轴线位置上，门架立杆轴线的对接偏差不应大于2mm。

门式脚手架顶端栏杆宜高出女儿墙上端或檐口上端1.5m。

门架立杆离墙面的净距离不宜大于 150mm，大于 150mm 时，应采取内挑架板或其他防护的安全措施。不用三角架时，门架里立杆边缘距墙面 50～60mm［见图 7-10（a）］；用三角架时，门架里立杆距墙面 550～600mm［见图 7-10（b）］。

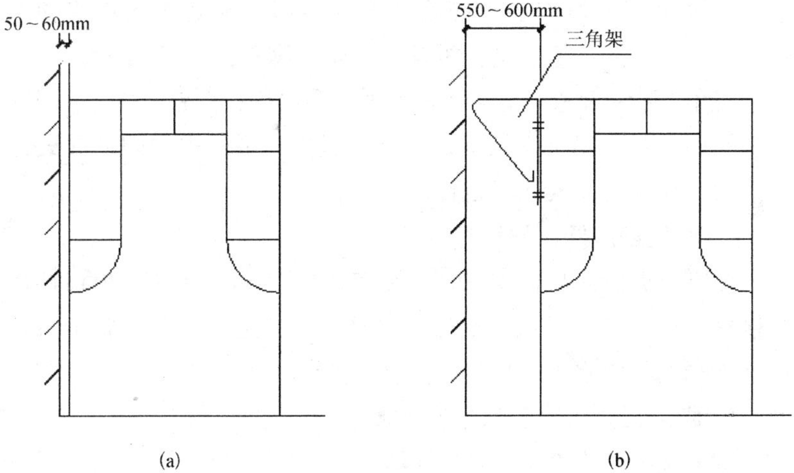


图 7-10　门架里立杆的离墙距离

底步门架的立杆下端应设置固定底座或可调底座。

**2. 交叉支撑**

门架的内外两侧均应设置交叉支撑，其尺寸应与门架间距相匹配，并应将门架立杆上的锁销锁牢。

**3. 水平架**

在脚手架的顶层门架上部、连墙件设置层、防护棚设置层必须连续设置水平架。

脚手架高度 $H<45$m 时，水平架至少两步一设；$H>45$m 时，水平架应每步一设。在脚手架的转角处，端部及间断处的一个跨距范围内，水平架均应每步一设。

水平架可由挂扣式脚手板或门架两侧的水平加固杆代替。

**4. 脚手板**

第一层门架顶面应铺设一定数量的脚手板，以便在搭设第二层门架时，施工人员可站在脚手板上操作。

在脚手架的操作层上应连续满铺与门架配套的挂扣式脚手板，并扣紧挂扣，用滑动挡板锁牢，防止脚手板脱落或松动。

采用一般脚手板时，应将脚手板与门架横杆用钢丝绑牢，严禁出现探头板；并沿脚手架的高度每步设置一道水平加固杆或设置水平架，加强脚手架的稳定性。

**5. 安装封口杆、扫地杆**

在脚手架的底步门架立杆下端应加封口杆、扫地杆。封口杆是连接底步门架立杆下端的横向水平杆件，扫地杆是连接底步门架立杆下端的纵向水平杆件。扫地杆应安装在封口杆下方。

**6. 脚手架垂直度和水平度的调整**

脚手架的垂直度（门架竖管轴线的偏移）和水平度（门架平面方向和水平方向）对于确保脚手架的承载性能至关重要（特别是对于高层脚手架）。门式脚手架搭设的垂直度和水平度允许偏差见表 7-3。

表 7-3　门式脚手架搭设的垂直度和水平度允许偏差

| 项　目 | | 允许偏差/mm |
|---|---|---|
| 垂直度 | 每步架 | $h$/1 000 及±2.0 |
| | 脚手架整体 | $H$/600±50 |
| 水平度 | 一跨距内水平架两端高差 | ±$l$/600 及±3.0 |
| | 脚手架整体 | ±$L$/600 及±50 |

注：$h$—步距；$H$—脚手架高度；$l$—脚手架长度；$L$—跨距。

注意事项：

严格控制首层门架的垂直度和水平度。在装上以后要逐片、仔细地调整，使门架立杆在两个方向的垂直度偏差都控制在 2mm 以内，门架顶部的水平偏差控制在 3mm 以内。随后在门架的顶部和底部用大横杆和扫地杆加以固定。搭完一步架后应按规范要求检查并调整其水平度与垂直度。接门架时上下门架立杆之间要对齐，对中的偏差不宜大于 3mm。同时注意调整门架的垂直度和水平度。另外，应及时装设连墙件，以避免门架发生横向偏斜。

### 7. 转角处门架的连接

脚手架在转角处必须做好连接和与墙拉结的工作，以确保脚手架的整体性，处理方法：在建筑物转角处的脚手架内、外两侧按步设置水平连接杆，将转角处的两个门架连成一体（见图 7-11）。水平连接杆必须步步设置，以使脚手架在建筑物周围形成连续闭合结构，或者利用回转扣直接把两个门架的竖管扣结起来。

水平连接杆钢管的规格应与水平加固杆相同，以便于用扣件连接。

水平连接杆应采用扣件与门架立杆及水平加固杆扣紧。另外，在转角处适当增加连墙件的布设密度。

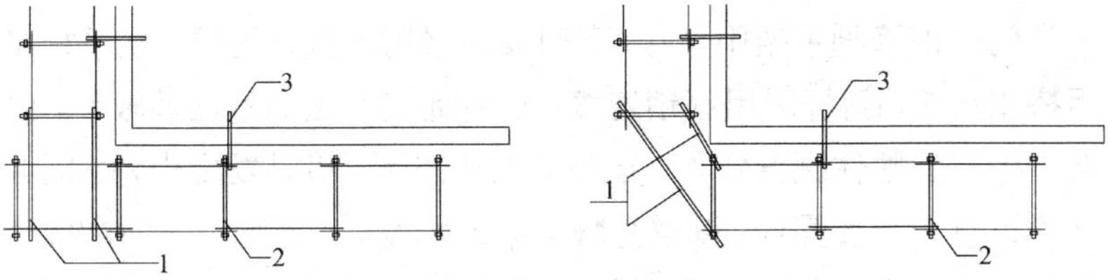


1—连接钢管；2—门架；3—连墙件。

**图 7-11　转角处脚手架连接**

## 三、斜梯安装

作业人员上下脚手架的斜梯应采用挂扣式钢梯，钢梯的规格应与门架规格配套，并与门架挂扣牢固。

脚手架的斜梯搭设宜采用“之”字形式，一个梯段宜跨越两步或三步，每隔四步必须设置一个休息平台。斜梯的坡度应在30°以内（见图7-12）。斜梯应设置护栏和扶手。

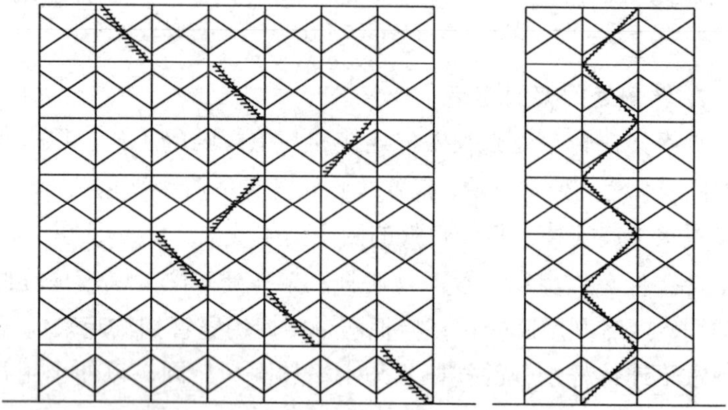

**图7-12 作业人员上下脚手架的斜梯设置形式**

## 四、安装水平加固杆

门式钢管脚手架中，上、下门架均采用连接棒连接，水平杆采用搭扣连接，斜杆采用锁销连接，这些连接方法的紧固性较差，致使脚手架的整体刚度较差，在外力的作用下，极易发生失稳。因此必须设置一些加固件，以增强脚手架的刚度。门式脚手架的加固件主要有剪刀撑、水平加固杆件、扫地杆、封口杆、连墙件（见图7-13），沿脚手架内外周围封闭设置。

水平加固杆是与墙面平行的纵向水平杆件。为确保脚手架搭设的安全，以及脚手架整体的稳定性，水平加固杆必须随脚手架的搭设同步搭设。

当脚手架高度超过20m时，为防止发生不均匀沉降，脚手架最下面3步可以每步设置一道水平加固杆（脚手架外侧），3步以上每隔 4 步设置一道水平加固杆，并宜在有连墙件的水平层连续设置，以形成水平闭合圈，对脚手架起环箍作用，增强脚手架的稳定性。水平加固杆宜采用 $\Phi$48mm 钢管用扣件在门架立杆的内侧与立杆扣牢。

## 五、设置连墙件

为避免脚手架发生横向偏斜或外倾，应加强脚手架的整体稳定性、安全可靠性，脚手架必须设置连墙件。

连墙件构造应按规定的间距搭设，必须随脚手架的搭设同步进行，不得漏设，严禁滞后设置或等脚手架搭设完毕后再补做。

连墙件构造由连墙件和锚固件组成（见图 7-13），其构造因建筑物的结构不同有夹固式、锚固式和预埋连墙件几种方法。

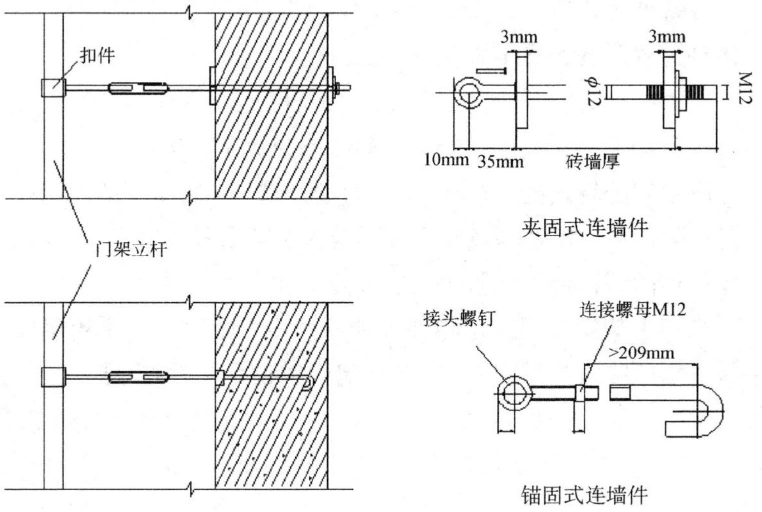


**图 7-13　连墙件构造**

连墙件的最大间距：垂直方向为 6m，水平方向为 8m。一般情况下，连墙件竖向每隔 3 步，水平方向每隔 4 跨设置一个。高层脚手架应适当增加布设密度，低层脚手架可适当减少布设密度，连墙件间距规定应满足表 7-4 的要求。

**表 7-4　连墙件间距规定**

<table>
<tr><th rowspan="2">脚手架搭设高度/m</th><th rowspan="2">基本风压 $\omega_0$/（$kN/m^2$）</th><th colspan="2">连墙件间距/m</th></tr>
<tr><th>竖向</th><th>水平方向</th></tr>
<tr><td rowspan="2">≤45</td><td>≤0.55</td><td>≤6.0</td><td>≤8.0</td></tr>
<tr><td>>0.55</td><td rowspan="2">≤4.0</td><td rowspan="2">≤6.0</td></tr>
<tr><td>45～60</td><td></td></tr>
</table>

连墙件应能承受拉力与压力，其承载力标准值不应小于 10kN；连墙件与门架、建筑物的连接应具有相应的连接强度。

连墙件宜垂直于墙面，不得向上倾斜，连墙件埋入墙身的部分必须锚固可靠。

连墙件应连于上、下两榀门架的接头附近，靠近脚手架中门架的横杆设置，其距离不宜大于 200mm。

在脚手架外侧因设置防护棚或安全网而承受偏心荷载的部位应增设连墙件，且连墙件的水平间距不应大于 4.0m。

脚手架的转角处，不闭合（一字型、槽型）脚手架的两端应增设连墙件，且连墙件的竖向间距不应大于 4m，以加强这些部位与主体结构的连接，确保脚手架的安全工作。

当脚手架操作层高出相邻连墙件两步以上时，应采用确保脚手架稳定的临时拉结措施，直到连墙件搭设完毕后方可拆除。加固件、连墙件等与门架采用扣件连接时，扣件规格应与所连钢管外径相匹配；扣件螺栓拧紧扭力矩宜为 50～60N · m，并不得小于 45N · m。各杆件端头伸出扣件盖板边缘长度不应小于 100mm。

## 六、搭设剪刀撑

为了确保脚手架搭设的安全，以及脚手架的整体稳定性，剪刀撑必须随脚手架的搭设同步搭设。

剪刀撑采用 $\Phi$48mm 钢管，用扣件在脚手架门架立杆的外侧与立杆扣牢，剪刀撑斜杆与地面倾角宜为 45°～60°，宽度一般为 4～8m，从架底至顶连续设置。剪刀撑之间的净距离不大于 15m（见图 7-14）。

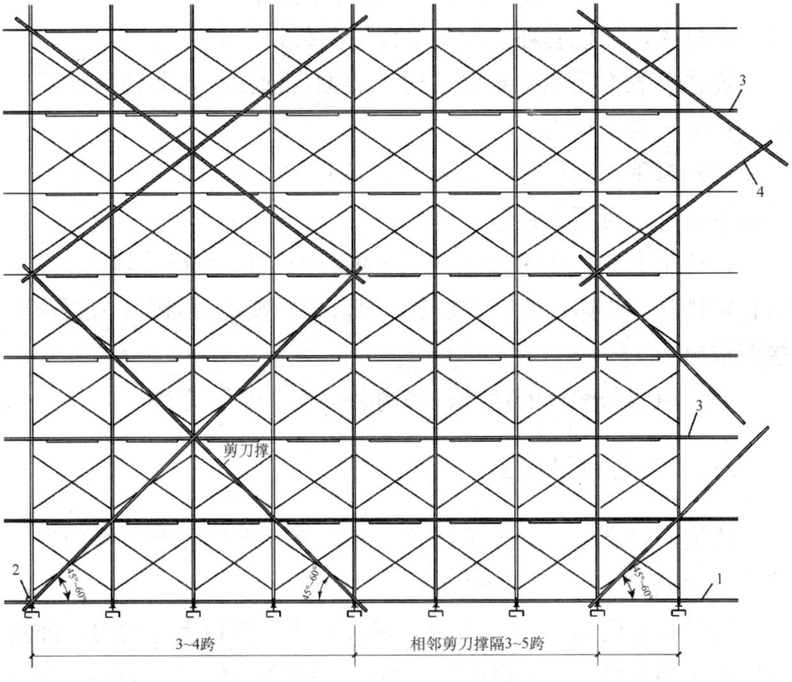


1—纵向扫地杆；2—横向封口杆；3—水平加固杆；4—剪刀撑。

**图 7-14　剪刀撑设置**

剪刀撑斜杆若采用搭接接长，搭接长度不宜小于 600mm，且应采用两个扣件扣紧。

当脚手架的高度 $H>20$m 时，剪刀撑应在脚手架外侧连续设置。

## 七、门架竖向组装

上、下榀门架的组装必须设置连接棒和锁臂，其他部件（如栈桥梁等）则按其所处的部位及时安装。

搭第 2 步脚手架时，门架的竖向组装、接高用连接棒。连接棒直径应比立杆内径小 1～2mm，安装时连接棒应居中插入上、下门架的立杆中，以使套环能均匀地传递荷载。

连接棒表面采用油漆涂层时，表面应涂油，以防使用期间锈蚀、拆卸时难以拔出。

门式脚手架高度超过 10m 时，应设置锁臂，如采用自锁弹销式连接棒时，可不设锁臂。

锁臂是上、下门架组成接头处的拉结部件，用钢片制成，两端钻有锁销孔，安装时将交叉支撑和锁臂先后锁销，以限制门架及连接棒拔出。

连接门架与配件的锁臂、搭钩必须处于锁住状态。

## 八、通道洞口设置

通道洞口高度不宜大于 2 个门架，宽度不宜大于 1 个门架的跨距，通道洞口应采取加固措施。

当洞口宽度为 1 个跨距时，应在脚手架洞口上方的内、外侧设置水平加固杆，在洞口两个上角加设斜撑杆（见图 7-15）。当洞口宽为 2 个及以上跨距时，应在洞口上方设置水平加固杆及专门设计和制作的托架，并在洞口两侧加强门架立杆（见图 7-16）。

## 九、安全网、扶手安装

安全网及扶手等设置要求参照扣件式钢管脚手架的相关要求。

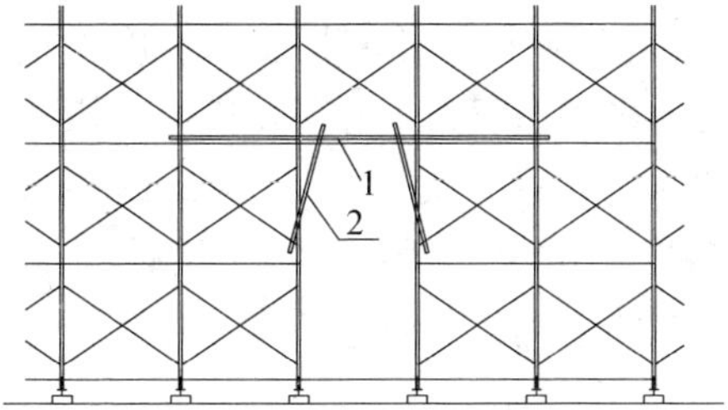


1—水平加固管；2—斜撑杆。

图 7-15　通道洞口加固示意

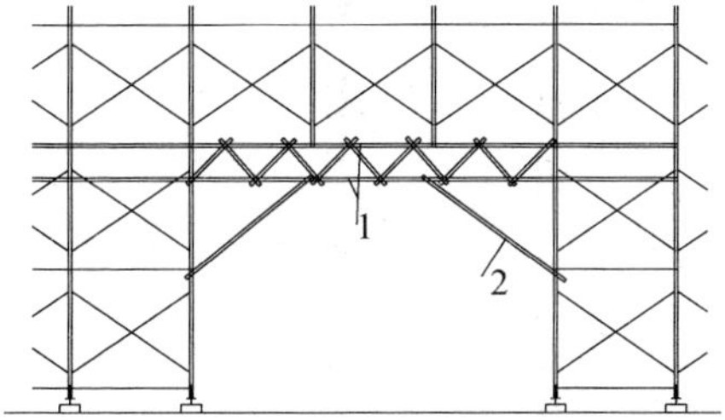


1—托架梁；2—斜撑杆。

图 7-16　宽通道洞口加固示意

# 第三节　门式钢管模板支撑与满堂脚手架

## 一、模板支撑与满堂脚手架

当门式钢管脚手架用作模板支撑和满堂脚手架时，结构、构造设计根据荷载、支撑高度、使用面积等设置，并列入施工方案中。

模板支撑及满堂脚手架的基础做法应符合相关规范要求，当模板支撑架设在钢筋混凝土楼板、挑台等结构上部时，应对该结构的强度进行验算。

可调底座调节螺杆伸出长度不宜超过 200mm。模板支撑架的高度调整宜以采用可调顶托为主。

门架、调节架及可调托座应根据支撑高度设置，支撑架底部可采用固定底座及木楔调整标高。用于梁模板支撑的门架，可采用平行或垂直于梁轴线的布置方式。垂直于梁轴线布置时，门架两侧应设置交叉支撑［见图 7-17（a)］；平行于梁轴线设置时，两门架采用交叉支撑或梁底模小楞连接牢固［见图 7-17（b)］。

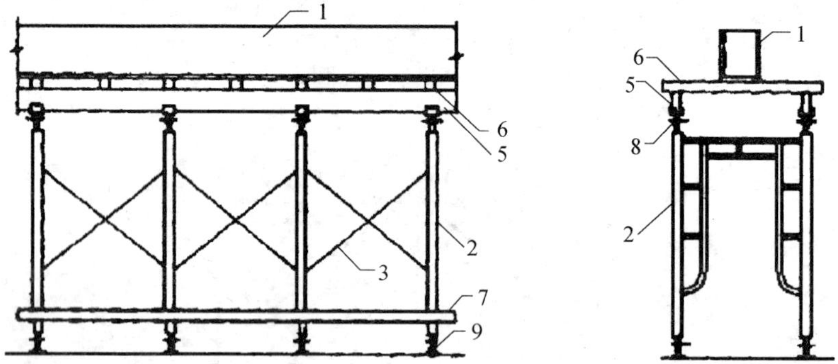


(a)

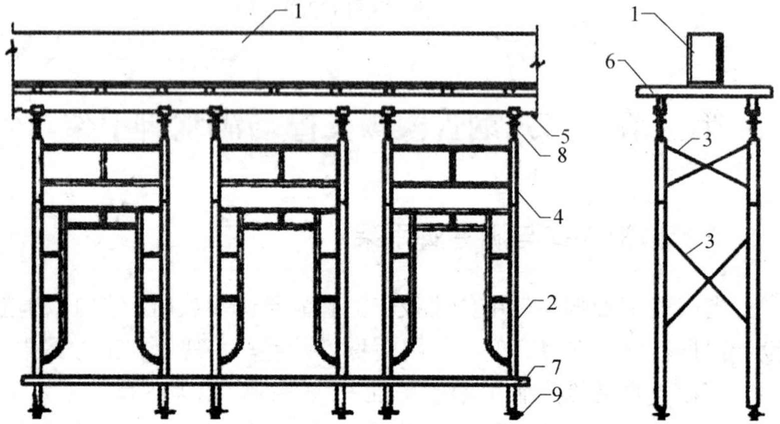


(b)

1—混凝土梁；2—门架；3—交叉支撑；4—调节架；5—托梁；
6—小楞；7—扫地杆；8—可调托座；9—可调底座。

**图 7-17　模板支撑的布置形式（1）**

当模板支撑高度较高或荷载较大时，模板支撑可采用图 7-18 的构架形式支撑。

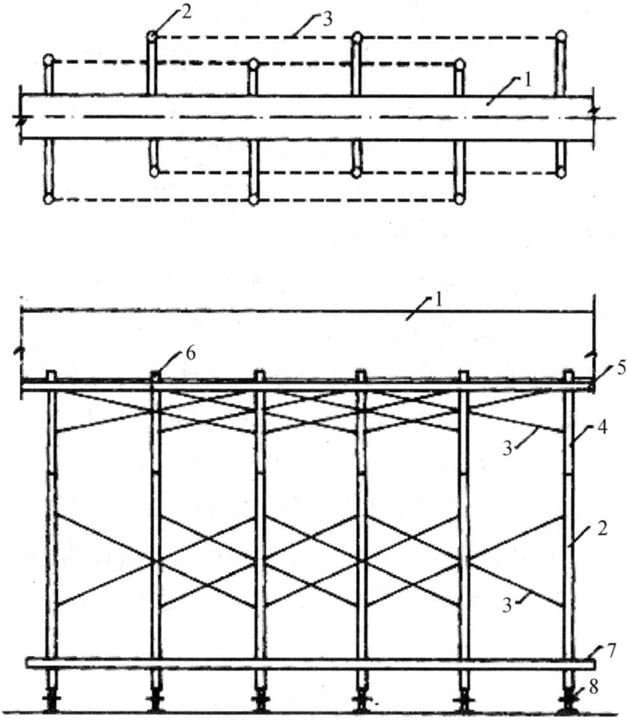


1—混凝土梁；2—门架；3—交叉支撑；4—调节架；5—托梁；
6—小楞；7—扫地杆；8—可调底座。

**图 7-18　模板支撑的布置形式（2）**

门架用于楼板支撑时，门架间距与门架跨距应由计算和构造要求确定，门架可设置水平加固杆；楼板模板支撑较高时（大于 10m），门架可按照规范设置剪刀撑。门架用于整体式平台模板时，门架立杆、调节架应设置锁臂，模板系统与门架支撑应做满足吊运要求的可靠连接。

门架的跨距和间距应根据实际荷载和设计要求来确定，间距不宜大于 1.2m。交叉支撑应在每列门架两侧设置，并应采用锁销与门架立杆锁牢，施工期间不得随意拆除。

水平架或脚手板应每步设置。顶步作业层应满铺脚手板，并应采用可靠的连接方式与门架横梁固定，大于 200mm 的缝隙应挂安全平网。水平加固杆应在满堂脚手架的周边顶层及中间每 5 列、5 排通长连续设置，并应采用扣件与门架立杆扣牢。剪刀撑应在满堂脚手架外侧周边和内部每隔 15m 间距设置，剪刀撑的宽度不应大于 4 个跨距或间距，斜杆与地面倾角宜为 45°～60°。

满堂脚手架距墙或其他结构物边缘距离应小于 0.5m，周围应设置栏杆。在满堂脚手架中间设置通道时，通道处底层门架可不设纵（横）方向水平加固杆，但通道上部应每步都设置水平加固杆。通道两侧门架应设置斜撑杆。满堂脚手架高度超过 10m 时，上、下层门架间应设置锁臂，外侧应设置抛撑或缆风绳与地面拉结牢固。

满堂脚手架的搭设可采用逐列逐排和逐层搭设的方法，并应随搭随设剪刀撑、水平纵横加固杆、抛撑（或缆风绳）和通道板等安全防护构件。

## 二、模板支撑及满堂脚手架的验收和施工

（1）模板支撑及满堂脚手架组装完毕后应进行以下内容的验收检查。

1）门架设置情况；

2）交叉支撑、水平架及水平加固杆、剪刀撑及脚手板配置情况；

3）门架横杆荷载状况；

4）底座、顶托螺旋杆伸出长度；

5）扣件紧固扭力矩；

6）垫木情况；

7）安全网设置情况。

（2）施工应符合以下规定

1）可调底座、顶托应采取防止砂浆、水泥浆等污物填塞螺纹的措施；

2）不得采用使门架产生偏心荷载的混凝土浇筑顺序，采用泵送混凝土时，应随浇随捣随平整，混凝土不得堆积在泵送管路出口处；

3）应避免装卸物料对模板支撑和脚手架产生偏心、振动和冲击；

4）交叉支撑、水平加固杆、剪刀撑不得随意拆卸，因施工需要临时局部拆卸时，施工完毕后应立即恢复；

5）拆除时应采用先搭的后拆、后搭的先拆的施工顺序；

6）拆除模板支撑及满堂脚手架时应采用可靠的安全措施，严禁高空抛掷。

## 第四节　门式钢管脚手架搭设验收及拆除

### 一、门式钢管脚手架搭设要求

在脚手架搭设前，工程技术负责人应按规程和施工组织设计的要求向搭设和使用人员做技术和安全作业要求的交底。对门架、配件、加固件应按规定要求进行检查验收；严禁使用不合格的门架、配件。对脚手架的搭设场地应进行清理，保持平整，并做好排水。基础上应先弹出门架立杆的位置线，垫板、底座的安放位置应准确。

（1）搭设门架及配件应符合以下规定：

1）不配套的门架与配件不得混合使用于同一脚手架。

2）门架安装应自一端向另一端延伸，并逐层改变搭设方向，不得相对进行。

3）搭完 1 个步架后，应按照《建筑施工门式钢管脚手架安全技术规范》（JGJ/T 128—2019）的要求检查并调整其水平度与垂直度。

4）交叉支撑、水平架或脚手板应紧随门架的安装及时设置。连接门架与配件的锁臂、搭钩必须处于锁住状态。

5）水平架或脚手板应在同一步内连续设置，脚手板应满铺。

6）底层钢梯的底部应加设钢管并用扣件紧扣在门架的立杆上，钢梯的两侧均应设置扶手，每段梯可跨 2 步或 3 步门架再进行转折。

7）栏板（杆）、挡脚板应设置在脚手架操作层外侧、门架立杆的内侧。

（2）加固杆、剪刀撑等加固件的搭设除应符合《建筑施工门式钢管脚手架安全技术规范》（JGJ/T 128—2019）的要求外，还应符合以下规定：

1）加固杆、剪刀撑必须与脚手架同步搭设。

2）水平加固杆应设于门架立杆内侧，剪刀撑应设于门架立杆外侧并连接牢固。

（3）连墙件的搭设除应符合《建筑施工门式钢管脚手架安全技术规范》（JGJ/T 128—2019）的要求外，还应符合以下规定：

1）连墙件的搭设必须随脚手架的搭设同步进行，严禁滞后设置或搭设完毕后再做。

2）当脚手架操作层高出相邻连墙件以上 2 步时，应采用确保脚手架稳定的临时拉结措施，直到连墙件搭设完毕后方可拆除。连墙件宜垂直于墙面，不得向上倾斜，连墙件埋入墙身的部分必须锚固可靠。连墙件应连于上、下两榀门架的接头附近。

（4）加固件、连墙件等与门架采用扣件连接时应符合以下规定：

1）扣件的规格应与所连钢管外径相匹配。

2）扣件的螺栓拧紧扭力矩宜为 50～60N・m，并不得小于 40N・m。

3）各杆件端头伸出扣件盖板边缘长度不应小于 100mm。

4）脚手架应沿建筑物周围连续、同步搭设升高，在建筑物周围形成封闭结构；如不能封闭时，应在脚手架两端按《建筑施工门式钢管脚手架安全技术规范》（JGJ/T 128—2019）的规定增设连墙件。

（5）门式钢管脚手架的搭设顺序。

门式钢管脚手架的搭设顺序为：铺设垫木（板）→安装底座→自一端起立门架→检查并调整水平度与垂直度→装交叉支撑→安装水平架（或脚手板）→安装钢梯→安装水平加固杆→安装连墙杆。按照上述步骤，逐层向上安装，并按规定位置安装剪刀撑和装配顶步栏杆。

## 二、门式钢管脚手架的验收

（1）门式钢管脚手架搭设完毕或分段搭设完毕后，应规范地对脚手架工程的质量进行检查，经检查合格后方可交付使用。

（2）高度在 20m 及以下的门式钢管脚手架，应由单位工程负责人组织技术安全人员进行检查验收。高度大于 20m 的脚手架，应由上一级技术负责人随工程进行分阶段组织单位工程负责人及有关的技术人员进行检查验收。

（3）验收应具备以下文件：

1）根据相关规范编制的施工组织设计文件；

2）门式钢管脚手架构、配件的出厂合格证书或质量分类合格标志；

3）门式钢管脚手架工程的施工记录及质量检查记录；

4）门式钢管脚手架在搭设过程中出现的重要问题及处理记录；

5）门式钢管脚手架工程的施工验收报告。

（4）门式钢管脚手架工程的验收，除查验有关文件外，还应进行现场检查，应着重检查以下各项，并记入施工验收报告。

1）构、配件和加固件是否齐全，质量是否合格，连接和挂扣是否紧固可靠；

2）安全网的张挂及扶手的设置是否齐全；

3）基础是否平整坚实、支垫是否符合规定；

4）连墙件的数量、位置和设置是否符合要求；

5）垂直度及水平度是否合格，门式钢管脚手架搭设的垂直度与水平度允许偏差应符合相关规范中的要求。

## 三、门式钢管脚手架的拆除

（1）门式钢管脚手架的拆除必须符合以下安全要求：

1）工人必须站在临时设置的脚手板上进行拆除作业，并按规定使用安全防护用品。

2）脚手架应从一端向另一端、自上而下逐层进行拆除，同一层的构、配件的拆除应按先上后下、先外后里的顺序进行，最后拆除连墙件。脚手架的自由悬臂高度不得超过2步。

3）拆除工作中，严禁使用榔头等硬物击打、撬挖。拆下的连接棒应放入袋内，锁臂应先传递至地面并放入室内堆存。

4）拆卸连接部件时，应先将锁座上的锁板与搭钩上的锁片转至开启位置，然后开始拆卸，不准硬拉，严禁敲击。

5）拆下的门架、钢管与配件，应或捆或机械吊运或井架传送至地面，防止碰撞，严禁抛掷。

（2）门式钢管脚手架拆除的注意事项：

1）拆除脚手架时，地面应设围栏和警戒标志，并派专人看守，严禁一切非操作人员入内。

2）脚手架拆除时，拆下的门架及配件，均须加以检验。清除杆件及螺纹上的污物，进行必要的整形，变形严重者，应送回工厂修整。应按规定分级检查、维修或报废。

3）拆下的门架及其他配件经检查、修整后应按品种、规格分类整理存放，妥善保管，防止锈蚀。

门式钢管脚手架的拆除顺序为安全网→扶手和栏杆→水平架→扶梯→水平加固杆→剪刀撑→交叉支撑→顶部连墙件→顶层门架……

# 第八章　卸料平台

卸料平台搭设时不得与脚手架相连或采用外脚手架立柱兼作卸料平台立柱的方式，防止对脚手架受力产生影响，必须设置独立的立柱受力系统与拉结系统。

卸料平台的搭设应制定专项施工方案，附有计算书及大样图。

卸料平台必须按照临边作业要求设置防护栏杆和挡脚板，上杆高度为 1.2m，下杆高度为 0.6m，挡脚板高度不低于 18cm，栏杆必须自上而下加挂密目安全网。

平台上悬挂限重标志牌：标注限载吨位及验收、维护、安装责任人，严禁超载或长期堆放材料，随堆随吊；堆放材料高度不得超过平台护栏高度；严禁将平台作为休息平台；平台上的施工人员和物料的总重量，严禁超过设计的容许荷载。

卸料平台搭设完毕后，必须经施工技术人员、专职安全管理人员进行验收，确认符合设计要求，并签署意见，办理验收手续后方可投入使用。

卸料平台的布置和框架柱拉接点形式及卸料平台立面见图 8-1、图 8-2。

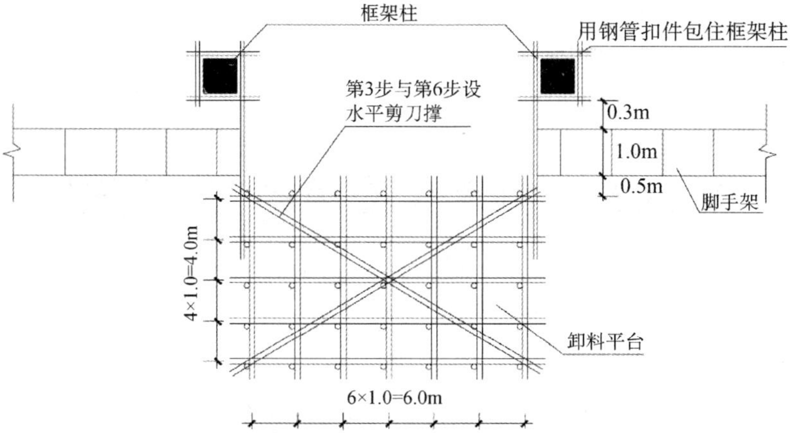


**图 8-1　卸料平台的布置和框架柱拉接点形式**

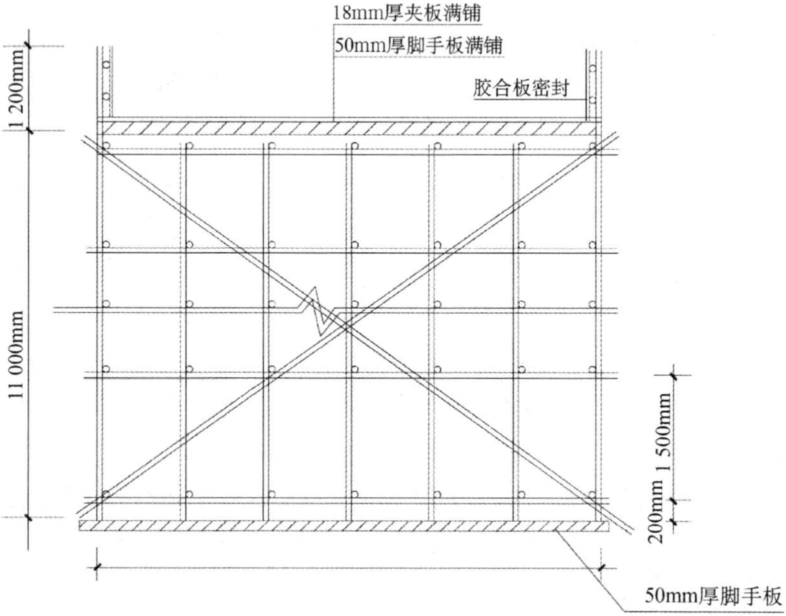


**图 8-2　卸料平台立面（$h$=11m）（内侧也设剪刀撑）**

注：本图仅供参考，构造要求同脚手架，平台限载 1t。

# 第九章　脚手架使用的安全管理

## 第一节　专项施工方案的主要内容

为了加强对危险性较大的分部分项工程的安全管理，明确安全专项施工方案编制内容，确保安全专项施工方案的实施，积极防范和遏制建筑施工生产安全事故的发生，根据《建设工程安全生产管理条例》及《危险性较大的分部分项工程安全管理规定》的要求制定专项施工方案的内容。

### 一、脚手架的专项施工方案

脚手架的专项施工方案应包括以下内容：

（1）工程概况：危险性较大的分部分项工程概况、施工平面布置、施工要求和技术保证条件。

（2）编制依据：工程中所依据的法律、法规、规范性文件、标准、规范的目录或条文以及施工组织（总）设计、勘察设计、图纸等技术文件名称。

（3）施工计划：施工进度计划、材料与设备计划等。

（4）施工工艺：技术参数、工艺流程、施工方法、检查验收等。

（5）施工安全保证措施：组织保障、技术措施、应急预案、监测监控等。

（6）劳动力组织：专职安全生产管理人员、特种作业人员等。

（7）计算书及相关图纸、图示。

## 二、模板的专项施工方案

模板的专项施工方案应包括以下内容：

（1）工程概况：应说明所应用对象的主要情况，模板支架应按结构设计平面图说明需支模的结构情况以及支架需要搭设的高度；外脚手架应说明所建主体结构形式及高度、平面形状和尺寸。

（2）制订架体方案。

（3）荷载计算及架体验算。架体验算应包括架体杆件稳定性、刚度验算，脚手架连墙件承载力验算以及基础承载力验算。

（4）绘制架体结构整体布置的平面图、立面图、剖面图。模板支架还应绘制支架顶部梁、模板支架节点构造详图及支撑架与已建结构的拉结或水平支撑构造详图；脚手架应绘制连墙件构造详图。

（5）模板支撑架应说明施工流水步骤、混凝土浇筑程序及方法。

（6）应明确架体主要构、配件及材质要求，编制构、配件用料表及供应计划。

（7）应说明架体搭设、使用和拆除方法。

（8）应制定保证质量安全的技术措施。

其中扣件式钢管脚手架的承载能力应按概率极限状态设计法的要求，采用分项系数设计表达式进行设计，并进行下列设计计算：

（1）纵向、横向水平杆等受弯构件的强度和连接扣件的抗滑承载力的计算；

（2）立杆稳定性的计算；

（3）连墙件的强度、稳定性和连接强度的计算；

（4）立杆地基承载力的计算。

## 第二节　脚手架的使用安全管理

脚手架的使用除基本安全要求外，还应注意以下几点。

（1）严禁沿脚手架外侧任意攀登。

（2）在脚手架使用期间，严禁拆除主节点处的大、小横杆，纵、横向扫地杆，连墙件。

（3）门式钢管脚手架施工期间不得拆除交叉支撑、水平架，连墙件，加固杆件（剪刀撑、水平加固杆、扫地杆、封口杆、栏杆等）。

（4）在脚手架上进行电焊、气焊作业时，必须有防火措施和专人看守。

（5）当因作业需要临时拆除门式钢管脚手架的交叉支撑或连墙件时，应经主管部门批准并应符合以下规定：

1）交叉支撑只能在门架一侧局部拆除，临时拆除后，在拆除交叉支撑的门架上、下层面应满铺水平架或脚手板。作业完成后，应立即恢复拆除的交叉支撑；拆除时间较长时，还应加设扶手或安全网。

2）只能拆除个别连墙件，在拆除前、后应采取安全措施，并应在作业完成后立即恢复；不得在竖向或水平向同时拆除两个及两个以上连墙件。

（6）外脚手架的外表面应满挂安全网，并与门架竖杆和剪刀撑结牢，每 5 层门架加设一道水平安全网，顶层门架之上应设置栏杆。

（7）门式脚手架上不宜使用手推车。材料的水平运输应利用楼板层或用塔式起重机直接吊运至作业地点。

（8）脚手架在使用期间应设专人负责进行经常检查和保修工作，在主体结构施工期间，一般应 3 d 检查一次；主体结构完工后，应至少 7 d 检查一次。每次检查都应对杆件有无发生变形、连接点是否松动、连墙拉结是否可靠以及立杆基础是否发生沉陷等进行全面检查，发现问题后应立即采取措施，以确保使用安全。

（9）脚手架拆除前，必须由施工负责人确认不再使用脚手架，并制订拆除方案，经过技术交底后方可进行拆除作业。拆除时应先清除架子上堆放的物料，然后再拆除脚手板（每档留一块，供拆除作业用），最后依次拆除各杆件。

（10）脚手架拆除作业必须由取得上岗证的架子工进行拆除，非专业人员不得上架从事拆除作业。

脚手架拆除作业的危险性大于搭设作业，在进行拆除作业之前，必须做好准备工作。

**1. 脚手架拆除的准备工作**

（1）当工程施工完成后，必须经单位工程负责人检查验证，确认脚手架不再需要后，方可拆除。脚手架拆除必须由施工现场技术负责人下达正式通知，并派专人统一指挥。

（2）脚手架拆除应制订拆除方案，并向操作人员进行安全技术交底，严格按照拆除方案进行。

（3）全面检查脚手架是否安全。

（4）脚手架拆除前应清除脚手架上的材料、工具和杂物，清理地面障碍物。

**2. 安全防护措施**

脚手架拆除作业的安全防护要求：

（1）脚手架拆除现场应设置安全警戒区和警告牌，并派专人负责安全警戒，严禁非施工作业人员进入拆除作业区内。

（2）拆除过程应听从专人指挥，不准中途换人。迫不得已中途需换人时，应对调换人员进行详细的技术交底后，方可进入现场从事拆除工作。

（3）应尽量避免单人进行拆卸作业，严禁单人拆除如脚手板、长杆件等较重、较大的杆部件。

（4）拆除工作宜连续进行，若中途下班休息，要清除架上已拆卸的杆件、扣件，并加设临时拉杆稳定架子，派专人值班看守，防止他人动用脚手架。

（5）参加拆除的作业人员，一律不准酒后操作。操作时必须精力集中，不准说笑、打闹或擅自离开工作岗位。

（6）拆除操作人员要佩戴安全帽及安全带，安全带挂钩要挂在可靠的且高于操作面的地方。

**3. 脚手架拆除工程的注意事项**

脚手架在拆除工程中，应符合以下要求：

（1）拆除顺序应逐层由上而下进行，严禁上下同时作业。

（2）杆件拆除要“一步一清”，不得采用阶梯形拆除法。

（3）不许站在临时设置的脚手板上进行拆卸作业，应按规定使用安全防护用品。

（4）在拆除过程中，脚手架的自由悬臂高度不得超过 2 步，当必须超过 2 步时，应加设拉结。

（5）剪刀撑、连墙件、通长水平杆等必须随架子整体的拆卸而逐层拆除，严禁先将连墙件整层或数层拆除后再拆脚手架杆件。

（6）扣件式钢管脚手架拆除大横杆、立杆及剪刀撑等较长杆件时，要有 3 人配合操作。两端人员拆卸扣件，中间 1 人负责接送（向下传送）。若用塔吊吊运时，要两点绑扎，平放吊运。小横杆、扣件包等，可通过建筑室内楼梯人工运送。

（7）拆除水平杆时，松开连结扣后，应水平托举取下。

（8）拆除立杆时，把稳上部，再松开下端的连接，然后取下。

（9）当扣件式钢管脚手架拆至下部最后一根立杆高度（约6.5m）时，应在适当位置先搭设临时抛撑加固后，再拆除连墙件。

（10）如局部脚手架需要保留时，应有专项技术措施，按有关的构造要求设置连墙件和横向支撑加固，经上级技术负责人批准、安全部门及使用单位验收，办理签字手续后方可使用。

（11）门式脚手架同一步（层）的构、配件和加固件应按先上后下，先外后内的顺序进行拆除，最后拆除连墙件和门架。

（12）拆卸门式脚手架连接部件时，应先将锁座上的锁板与卡钩上的锁片旋转至开启位置，然后开始拆除，不得硬拉、严禁敲击。

（13）拆除工作中，严禁使用榔头等硬物击打、撬挖，拆下的连接棒应放入袋内，锁臂应先传递至地面并入库存放。

（14）拆除的扣件与零配件，用工具包或专用容器收集，用塔吊或吊绳吊下，不得向下抛掷。也可将扣件留置在钢管上，待钢管吊下后，再拆卸。

（15）拆下来的脚手架构、配件，应成捆用机械吊运或由井架传送至地面，防止碰撞，严禁从高空往下抛掷。

## 第三节　脚手架事故案例分析

### 案例一

2019 年 5 月，在某建筑公司承建施工的某小区 5 号楼工地，施工人员张某站在五层脚手架上清理物料时，把待清理的物料堆放在大横杆上，导致固定大横杆的扣件滑落，张某发生高处坠落，经抢救无效死亡。

原因分析：

（1）安全检查不到位，工程开工前未对施工现场进行安全检查。

（2）违反操作规程，冒险蛮干，把待清理的物料堆放在大横杆上。

（3）安全管理不善，安全措施没有落实。

### 案例二

某工地在浇筑屋面混凝土时，搭设高度为5.1m的支模架突然倒塌，造成3人死亡，16人受伤。

原因分析：

（1）施工单位未对支模操作人员进行相关搭设要求的技术交底。

（2）施工班组在实施搭设过程中未按方案要求进行立杆步距设置，擅自加大立杆间距，未按方案要求设置扫地杆、纵横向拉杆，降低了设计承载力。

（3）浇捣混凝土前未进行验收，对于存在的问题未进行切实有效的整改。

### 案例三

2018年10月，某百货大厦东侧一个近50m长、20m高的脚手架发生倒塌。事故造成3女1男共4人受伤，其中男子伤势较重，伤者已被送往医院治疗。

原因分析：

（1）钢管、扣件有初始缺陷，据事后调查，材料存在钢管锈蚀、截面缺损、钢管端面不平，部分扣件有裂缝等情况。

（2）工程处于后期，拉墙件拆除现象多，因安装及装饰的原因违规拆除了脚手架的大量连墙件后也未采取加固等补救措施，导致脚手架的稳定性大大降低。

（3）装饰及安装材料大量堆积在脚手架上进行转运，超出了脚手架的设计承载值。

**案例四**

在脚手架上发生高处坠落事故。

原因分析：

（1）目前我国施工操作人员基本上是以农民工为主，而这部分人员基本上没有进行过专业的安全技术培训，他们往往安全意识淡薄，自我保护能力较差，容易进行冒险违章作业。主要表现在：

①架子工从事脚手架搭设与拆除时，未按规定正确佩戴安全帽和安全带。许多作业人员自恃“艺高人胆大”，嫌麻烦，认为不戴安全帽或不系安全带，只要小心一些就不会出事，由此导致的高处坠落事故时有发生。

②作业人员危险意识差，对可能遇到或发生的危险估计不足，对施工现场存在的安全防护不到位等问题不能及时发现。

（2）施工人员认为脚手架是临时设施，施工完后还要拆除，因此没有按规范要求搭设脚手架。主要表现在：

①脚手架操作层防护不规范；

②密目网、水平兜网系结不牢固，未按规定设置随层兜网和层间网；

③ 脚手板设置不规范；

④ 悬挑架等设置不规范，由此导致多起伤亡事故的发生。

## 案例五

脚手架出现局部失稳或坍塌

原因分析：

（1）目前脚手架的设计方案由施工方提供，由于部分施工人员单凭经验做事，其理论基础相对较差，对脚手架的设计中需要的基本元素以及相关的荷载要求考虑得不是很全面，在设计中往往存在以下问题：

①构架缺少必需的结构杆件，未按照规定数量和要求设置连墙件。

②在使用过程中任意拆除必不可少的杆件和连墙件。

③构件尺寸过大、承载能力不足或设计安全度不够。

④地基出现过大的不均匀沉降。

⑤严重超载。

（2）脚手架搭设与拆除方案不全面，安全技术交底无针对性。项目部重视施工现场、忽视安全资料管理的现象比较普遍，（应当编制专项施工工程的安全技术方案，如脚手架搭设与拆除、基坑支护、模板工程、临时用电、塔机拆装等），不编制施工方案，或者不结合施工现场实际情况，照抄标准、规范，应付检查。安全技术交底仍停留在“进入施工现场必须戴安全帽”的层次上，缺乏针对性。工程施工中凭个人经验操作，不可避免地存在事故隐患和违反操作规程、技术规范等问题，甚至引发伤亡事故。

（3）安全检查不到位，未能及时发现事故隐患。在脚手架的搭设与拆除和在脚手架上作业过程中发生的伤亡事故，大都存在违反技术标准和操作规程等问题，但施工现场的项目经理、工长、专职安全员在定期安全检查、平时检查中，均未能及时发现问题，或发现问题后未及时整改和纠正，对事故的发生负有一定责任。

# 附录一　术　语

**1. 脚手架**

为建筑施工而搭设的上料、堆料与施工作业用的临时结构架。

**2. 单排脚手架（单排架）**

只有一排立杆，横向水平杆的一端搁置在墙体上的脚手架。

**3. 双排脚手架（双排架）**

由内、外两排立杆和水平杆等构成的脚手架。

**4. 结构脚手架**

用于砌筑和结构工程施工作业的脚手架。

**5. 装修脚手架**

用于装修工程施工作业的脚手架。

**6. 敞开式脚手架**

仅设有作业层栏杆和挡脚板，无其他遮挡设施的脚手架。

**7. 局部封闭脚手架**

遮挡面积小于 30%的脚手架。

**8. 半封闭脚手架**

遮挡面积达到 30%～70%的脚手架。

**9. 全封闭脚手架**

沿脚手架外侧全长和全高封闭的脚手架。

**10. 模板支架**

用于支撑模板的、采用脚手架材料搭设的架子。

**11. 开口型脚手架**

沿建筑周边非交圈设置的脚手架。

**12. 封圈型脚手架**

沿建筑周边交圈设置的脚手架。

**13. 扣件**

采用螺栓紧固的扣接连接件。

**14. 直角扣件**

用于垂直交叉杆件间连接的扣件。

**15. 旋转扣件**

用于平行或斜交杆件间连接的扣件。

**16. 对接扣件**

用于杆件对接连接的扣件。

**17. 防滑扣件**

根据防滑要求增设的非连接用途的扣件。

**18. 底座**

设于立杆底部的垫座。

**19. 固定底座**

不能调节支垫高度的底座。

**20. 可调底座**

能够调节支垫高度的底座。

**21. 垫板**

设于底座下的支承板。

**22. 立杆**

脚手架中垂直于水平面的竖向杆件。

**23. 外立杆**

双排脚手架中离开墙体一侧的立杆或单排脚手架立杆。

**24. 内立杆**

双排脚手架中贴近墙体一侧的立杆。

**25. 角杆**

位于脚手架转角处的立杆。

**26. 双管立杆**

两根并列紧靠的立杆。

**27. 主立杆**

双管立杆中直接承受顶部荷载的立杆。

**28. 副立杆**

双管立杆中分担主立杆荷载的立杆。

**29. 水平杆**

脚手架中的水平杆件。

**30. 纵向水平杆**

沿脚手架纵向设置的水平杆。

**31. 横向水平杆**

沿脚手架横向设置的水平杆。

**32. 扫地杆**

贴近地面连接立杆根部的水平杆。

**33. 纵向扫地杆**

沿脚手架纵向设置的扫地杆。

**34. 横向扫地杆**

沿脚手架横向设置的扫地杆。

**35. 连墙件**

连接脚手架与建筑物的构件。

**36. 刚性连墙件**

采用钢管、扣件或预埋件组成的连墙件。

**37. 柔性连墙件**

采用钢筋作拉筋构成的连墙件。

**38. 连墙件间距**

脚手架相邻连墙件之间的距离。

**39. 连墙件竖距**

上下相邻连墙件之间的垂直距离。

**40. 连墙件横距**

左右相邻连墙件之间的水平距离。

**41. 横向斜撑**

与双排脚手架内、外立杆或水平杆斜交呈“之”字形的斜杆。

**42. 剪刀撑**

在脚手架外侧面成对设置的交叉斜杆。

**43. 抛撑**

与脚手架外侧面斜交的杆件。

**44. 脚手架高度**

自立杆底座下皮至架顶栏杆上皮之间的垂直距离。

**45. 脚手架长度**

脚手架纵向两端立杆外皮间的水平距离。

**46. 脚手架宽度**

单排脚手架为外立杆外皮至墙面的距离；双排脚手架为横向两侧立杆外皮之间的水平距离。

**47. 立杆步距（步）**

上下水平杆轴线间的距离。

**48. 立杆间距**

脚手架相邻立杆之间的轴线距离。

**49. 立杆纵距（跨）**

脚手架立杆的纵向间距。

**50. 立杆横距**

脚手架立杆的横向间距，单排脚手架为外立杆轴线至墙面的距离。

**51. 主节点**

立杆、纵向水平杆、横向水平杆三杆紧靠的扣接点。

**52. 作业层**

上人作业的脚手架铺板层。

**53. 承插型盘扣式钢管支架**

承插型盘扣式钢管支架由立杆、水平杆、斜杆、可调底座及可调托座等构、配件构成。立杆采用套管或连接棒承插连接，水平杆和斜杆采用杆端扣接头卡入连接盘，用楔形插销快速连接，形成结构几何不变体系的钢管支架，根据其用途可分为脚手架与模板支架两类。

**54. 盘销节点**

支架立杆上的连接盘与水平杆杆端上的插销连接的部位。

**55. 立杆**

盘扣式钢管支架的竖向支撑杆件。

**56. 连接盘**

焊接于立杆上可扣接 8 个方向扣接头的八边形或圆环形孔板。

**57. 立杆连接套管**

焊接于立杆一端，用于立杆竖向接长的专用套管。

**58. 立杆连接件**

将立杆与立杆连接套管固定防拔脱的专用零件。

**59. 水平杆**

承插型盘扣式钢管支架的水平杆件。

**60. 扣接头**

水平杆或斜杆杆件端头用于与立杆上的连接盘快速扣接的零件。

**61. 扣接头插销**

固定扣接头与连接盘的专用楔形零件。

**62. 斜杆**

可与立杆上的连接盘扣接，用于提高支架结构稳定性的斜向杆件，分为竖向斜杆和水平斜杆两类。

**63. 可调底座**

位于立杆底部可调节高度的底座。

**64. 可调托座**

位于立杆顶部可调节高度的托撑。

**65. 挂扣式钢梯**

挂扣在支架上供施工人员上下通行的钢梯。

**66. 挂扣式钢脚手板**

挂扣在支架上的钢脚手板。

**67. 碗扣式钢管脚手架**

采用碗扣方式连接的钢管脚手架。

**68. 碗扣节点**

脚手架碗扣连接的部位。

**69. 限位销**

焊接在立杆上能锁紧上碗扣的定位销。

**70. 十字撑**

用作双排脚手架竖向加强支撑的构件。

**71. 挑梁**

脚手架作业平台的挑出构件，分宽挑梁和窄挑梁。

**72. 廊道**

双排脚手架内外立杆间人员上下行走和运输施工材料的通道。

**73. 几何不变性**

杆系结构构成几何不变的性能。

**74. 廊道**

双排脚手架内外立杆间人员上下行走和运输施工材料的通道。

**75. 门式钢管脚手架**

由门架、交叉支撑、连接棒、挂扣式脚手板或水平架、锁臂等组成基本结构，再设置水平加固杆、剪刀撑、扫地杆、封口杆、托座与底座，并采用边墙件与建筑物主体结构相连的一种标准化钢管脚手架。

**76. 门架**

门式钢管脚手架的主要构件，由立杆、横杆及加强杆焊接组成。

**77. 连接棒**

用于门架立杆竖向组装的连接件。

**78. 锁臂**

门架立杆组装接头处的拉接件。

**79. 交叉支撑**

连接每两榀门架的交叉拉杆。

**80. 挂扣式脚手板**

挂扣在门架横杆上的脚手板。

# 附录二　建筑施工特种作业人员安全技术考核大纲（试行）（摘录）

## 2　建筑架子工（普通脚手架）安全技术考核大纲（试行）

### 2.1　安全技术理论

2.1.1　安全生产基本知识

1. 了解建筑安全生产法律法规和规章制度
2. 熟悉有关特种作业人员的管理制度
3. 掌握从业人员的权利义务和法律责任
4. 熟悉高处作业的安全知识
5. 熟悉安全防护用品的使用
6. 熟悉安全标志、安全色的基本知识
7. 了解施工现场消防知识
8. 了解现场急救知识
9. 熟悉施工现场安全用电基本知识

2.1.2　专业基础知识

1. 了解力学基本知识
2. 了解建筑识图知识
3. 了解杆件受力特点

2.1.3　专业技术理论

1. 了解脚手架专项施工方案的主要内容
2. 熟悉脚手架搭设图样
3. 熟悉脚手架的种类、型式
4. 熟悉脚手架材料的种类、规格及材质要求
5. 熟悉扣件式、碗扣式钢管脚手架和门式脚手架的构造
6. 掌握扣件式、碗扣式钢管脚手架和门式脚手架的搭设和拆除方法
7. 掌握安全网的挂设方法
8. 熟悉脚手架的验收内容和方法
9. 了解脚手架常见事故原因和处置方法

## 2.2　安全操作技能

2.2.1　掌握辨识脚手架及构配件的名称、功能、规格的能力

2.2.2　掌握辨识不合格脚手架构配件的能力

2.2.3　掌握常用脚手架的搭设和拆除方法

2.2.4　掌握常用模板支架的搭设和拆除方法

# 附录三　建筑施工特种作业人员安全操作技能考核标准（试行）（摘录）

## 2　建筑架子工（普通脚手架）操作技能考核标准

### 2.1　现场搭设双排落地扣件式钢管脚手架

2.1.1　考核场地、设施

1. 具备搭设脚手架条件的场地；

2. 具备搭设脚手架条件的建筑物或构筑物。

2.1.2　考核料具

1. 钢管：规格 $\Phi$48×3.5，长度 6m、5m、4m、3m、2m、7.5m 若干；

2. 扣件：直角扣件、旋转扣件、对接扣件若干；

3. 垫木、底座、脚手板（木脚手板、钢脚手板或竹脚手板）、挡脚板、密目式安全网、安全平网、系绳、铅丝若干；

4. 工具：钢卷尺、扳手、扭力扳手、计时器；

5. 个人安全防护用品。

2.1.3　考核方法

每 6～8 名考生为一组，搭设一宽 5 跨、高 5 步的双排落地式钢管脚手架。脚手架步距 1.8m，纵距 1.5m，横距 1.3m；连墙件按二步三跨设置；操作层设置在第四步处。

2.1.4　考核时间：180min。具体可根据实际考核情况调整

2.1.5　考核评分标准

满分 70 分。考核评分标准见附表 1。第 1～10 项为集体考核项目，考核得分即为每个人得分；第 11～12 项为个人考核项目。各项目所扣分总和不得超过该项应得分值。

**附表 1**

| 序号 | 项目 | 扣分标准 | 应得分值 |
| --- | --- | --- | --- |
| 1 | 垫木和底座 | 未设置垫木的，扣 6 分；设置不正确的，每处扣 2 分<br>未设置底座的，每处扣 2 分 | 6 |
| 2 | 立杆 | 杆件间距尺寸偏差超过规定值的，每处扣 2 分；立杆垂直度偏差超过规定值的，每处扣 2 分；连接不正确的，每处扣 2 分 | 6 |
| 3 | 扫地杆 | 未设置扫地杆的，扣 6 分；设置不正确的，每处扣 2 分 | 6 |
| 4 | 纵向水平杆 | 杆件间距尺寸偏差超过规定值的，每处扣 1 分；设置不正确的，每处扣 2 分 | 4 |
| 5 | 横向水平杆 | 未设置横向水平杆的，每处扣 2 分；设置不正确的，每处扣 1 分 | 4 |
| 6 | 连墙件 | 连墙件数量不足的，每缺少一处扣 4 分；设置位置错误的，每处扣 2 分；设置方法错误的，每处扣 2 分 | 8 |
| 7 | 剪刀撑 | 未设置剪刀撑的，扣 6 分；设置不正确的，每处扣 2 分 | 6 |
| 8 | 扣件拧紧扭力矩 | 随机抽查 4 个扣件的拧紧扭力矩，不符合要求的，每处扣 2 分 | 4 |

续表

| 序号 | 项目 | 扣分标准 | 应得分值 |
|---|---|---|---|
| 9 | 安全网 | 未设置首层平网的，扣4分；未设置随层平网的，扣4分；未挂设密目式安全网的，扣4分。安全网设置不符合要求的，每处扣2分 | 8 |
| 10 | 操作层防护 | 未设置挡脚板的，扣4分；设置不正确的，每处扣2分。未设置防护栏杆的，扣4分；设置不正确的，每处扣2分。未设置脚手板的，扣8分；未满铺的，扣2～6分。未按规定进行对接和搭接的，每处扣2分；出现探头板的，扣8分 | 8 |
| 11 | 个人安全防护用品的使用 | 未佩戴安全帽的，扣4分；佩戴不正确的，扣2分。高处悬空作业未系安全带的，扣4分；系挂不正确的，扣2分 | 4 |
| 12 | 扭力扳手的使用 | 不能正确使用扭力扳手测量扣件拧紧扭力矩的，扣6分 | 6 |
| 合计 | | | 70 |

说明：

1. 本考题中脚手架步距、纵距和横距，可根据当地实际情况，依据《建筑施工扣件式钢管脚手架安全技术规范》自行确定；

2. 本考题也可采用碗扣式脚手架、门式脚手架、竹脚手架、木脚手架，考核项目和评分标准由各地自行拟定。

## 2.2 查找满堂脚手架（模板支架）存在的安全隐患

### 2.2.1 考核设备和器具

1. 已搭设好的模板支架，高度3～5m，上部无荷载，其中设置构造缺陷（问题）若干处。

2. 个人安全防护用品、计时器 1 个。

2.2.2　考核方法

由考生检查已搭设好的模板支架，在规定时间内查找出 5 处存在的缺陷（问题）并说明原因。

2.2.3　考核时间：20min。

2.2.4　考核评分标准

满分 20 分。在规定时间内每准确查找出一处缺陷（问题）并正确说明原因的，得 4 分；查找出缺陷（问题）但未正确说明原因的，得 2 分。

## 2.3　扣件式钢管脚手架部位的报废

2.3.1　考核器具

1. 钢管、扣件等实物或图示、影像资料(包括达到报废标准和有缺陷的)；

2. 其他器具：计时器 1 个。

2.3.2　考核方法

1. 从钢管实物或图示、影像资料中随机抽取 2 件（张），由考生判断其是否存在缺陷或达到报废标准，并说明原因。

2. 从扣件实物或图示、影像资料中随机抽取 2 件（张），由考生判断其是否存在缺陷或达到报废标准，并说明原因。

2.3.3　考核时间：10min。

2.3.4　考核评分标准

满分 10 分。在规定时间内能正确判断并说明原因的，每项得 2.5 分；判断正确但不能正确说明原因的，每项得 1.5 分。